【応用気象学シリーズ】
木村龍治……編集

4

豪雨・豪雪の気象学

吉崎正憲・加藤輝之
［著］

朝倉書店

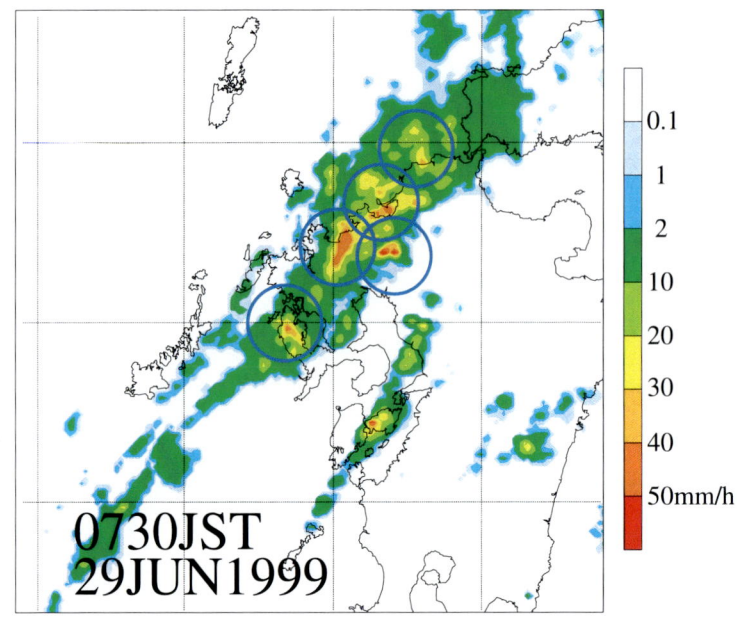

口絵1　1999年6月29日7時30分の気象レーダーによる降水分布．
（「はじめに」，本文p.48,64,101参照）

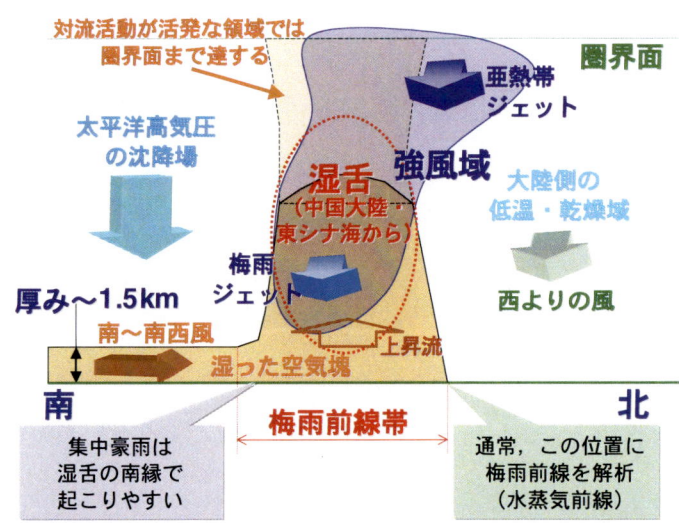

口絵2　西日本でみられる梅雨前線帯の南北鉛直構造の特徴．相対的に水蒸気量が多い領域をオレンジ色，強風域を紫色，湿舌の位置を赤い破線で示す（Kato et al., 2003に加筆）．
（本文p.76,78,79参照）

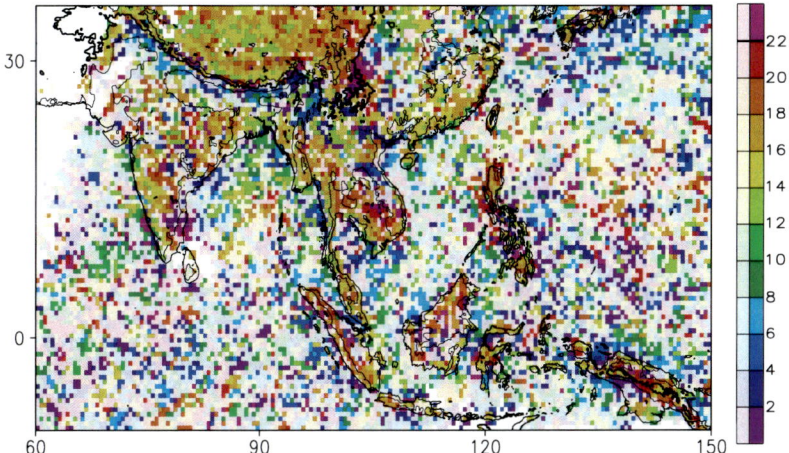

口絵3 TRMM衛星のデータによる降雨の極大が現れた現地の時刻．統計期間は1988～2005年の6～8月．顕著な日変化がある場合を濃い色で表示．等高線は標高200, 2000, 4000 mを示す（Hirose and Nakamura, 2005を改変．広瀬正史氏から提供）． （本文p.88参照）

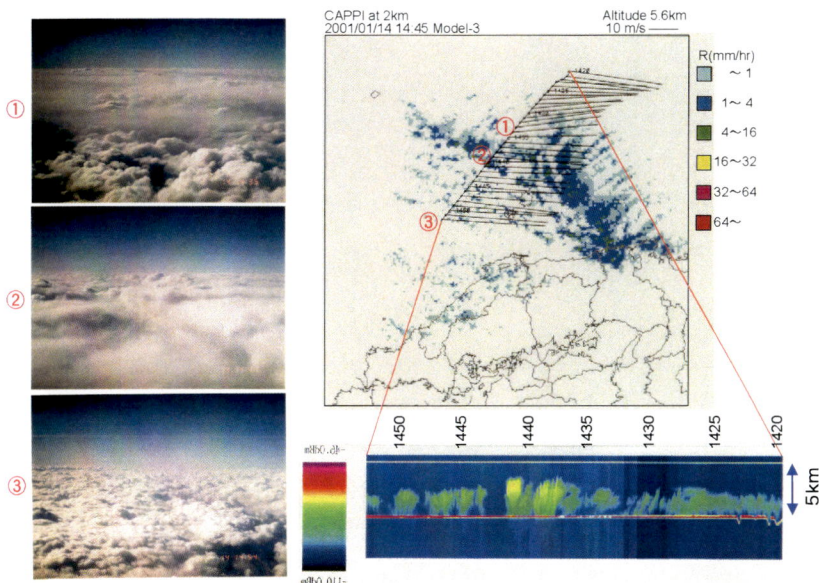

口絵4 雲頂上方（高度5.6 km）から実施した雲レーダー観測によって得られたレーダーエコー（右下），そのときの気象レーダーの高度2 kmの平面図と航空機で測定した水平風（右上），右上図の①～③の地点で南方向を撮影した写真（左）（村上ほか，2005）． （本文p.143, 144参照）

発刊のことば

従来にない切り口で気象学を語ることができるか，という問いかけから，このシリーズの構想が出発した．気象は大きな環境因子であるから，気象の知識が必要なのは，気象の分野だけではない．気象の予測，防災，環境問題への対応，自然エネルギーの利用など，さまざまな局面で大気の営みが問題になる．その基礎になるのは，気象に対する正しい理解である．それも，広く浅くというよりは，特定のテーマを深く理解しておくことが要求されるだろう．そのようなニーズにストレートに対応する内容にしたい．そのために，気象をオールラウンドに見るというよりは，光，熱，風というような側面からなる多面体と考え，ひとつひとつの側面を光らせるという発想が生まれた．一般の気象学を交響楽にたとえれば，協奏曲のような作品をめざしたのである．独奏者ならぬ執筆者は，それぞれの分野の一線で活躍している気鋭の研究者である．各自の専門分野を主題にして，気象の世界を独自の切り口で示していただいた．このような構想自身，著者たちが何回も集まって，相談した結果なのである．本シリーズが，気象の知識を必要とする多くの分野で活用されることを切に希望する．

東京大学名誉教授　木村龍治

はじめに

　毎年，豪雨が日本各地で発生して，河川の氾濫・土石流・地すべり・土砂崩れなどが起こる．豪雪の場合，積雪により家屋の倒壊や交通・物流などの社会的混乱を招く．このように，豪雨・豪雪はわれわれの身近な問題に直結している．

　このような豪雨・豪雪は積乱雲によりもたらされる．その積乱雲を直接表現することができる数値モデル（非静力学雲解像モデル）を用いることで，それらの発生メカニズムなどについての理解は，ここ十年間ほどで急速に深まった．本書は，それらの研究成果に基づいて書いたものである．

　ここで，1999年6月29日に北九州地方に災害をもたらした豪雨のケースを取り上げ，その実態を簡単に説明する．この豪雨では，河川が氾濫したため福岡市・博多駅前の地下街が浸水し，新しい都市型災害として注目を浴びた．このときの気象レーダーによる降水分布（口絵1）には，寒冷前線（図1.1e）に沿って，南西から北東に伸び，200 kmを超える線状の降水域がみられる．この降水域の中に，降水強度 30 mm h^{-1} 以上の領域に対応して，10 kmくらいの小さな塊が多数存在している．この小さな塊が1つの積乱雲による降水域である．また，その小さな塊が重なって，50 kmくらいの大きな塊（口絵1の○の領域，本書では，メソ対流系と名付けている）が複数みつかる．このように，線状の降水域には階層構造がみられ，その中の積乱雲によって豪雨がもたらされることになる．

　しかし，積乱雲には寿命（～1時間）があるので，1つの積乱雲からの降水量には限りがある．そのため，大量の降水をもたらすには，積乱雲が組織化してメソ対流系を形成し，その中で積乱雲が繰り返し発生しなければならない．また，200 kmを超える線状の降水域が作り出されるためには，上で述べたような階層構造が必要となる．

　従来の気象の教科書では，より大きな現象から小さな現象を説明している．逆

に，本書では，前段落で述べたように積乱雲からより大きな現象を考える．そのためには，まず積乱雲がどのような条件で発生するかを理解する必要がある．そして，どうして積乱雲は発達・減衰し，寿命をもつのか，どうして積乱雲は組織化するのか，どうして降水域は階層構造をもつのか，などを考えなければならない．また，積乱雲は発達して豪雨・豪雪をもたらすが，その発達高度は何によって決まるのかなども理解すべきである．

そうした疑問に対する答えを，本書の前半の基礎編（第2〜5章）で説明する．また，後半の応用編（第6〜10章）では，実際に観測された梅雨期の豪雨と冬季日本海側の豪雪を例に，データ解析と非静力学雲解像モデルの結果に基づいて，豪雨・豪雪のメカニズムとそれを発生させる周辺の大気状態について解説する．

本書は豪雨・豪雪に関心がある，大学や大学院で気象学を学ぶ初学者を対象に書いたものである．ここでは微分や積分は既知なものとして書いてあるが，簡単な場合だけを取り上げた．少なくとも基礎編を読んでいただければ，豪雨・豪雪のエッセンスは理解できるはずである．本書を通じて，複雑な豪雨・豪雪のメカニズムを理解して，自然の巧みな仕組みを知っていただきたい．

本書をまとめるにあたって，気象研究所の中村誠臣氏，大泉三津夫氏，室井ちあし氏，永戸久喜氏，林 修吾氏，川畑拓矢氏，清野直子氏，地球科学技術総合推進機構の金田幸恵氏，海洋研究開発機構の茂木耕作氏に，約半年にわたり原稿を読んでいただき，たくさんのコメントをいただいた．また本シリーズの編者の木村龍治先生（東京大学海洋研究所名誉教授）と朝倉書店編集部には大変お世話になった．さらに，私たちを深遠なメソスケールの大気現象に導いてくれた小倉義光先生（イリノイ大学名誉教授）と浅井冨雄先生（東京大学海洋研究所名誉教授）には心より感謝したい．最後に，執筆などで迷惑をかけた家族にもお礼を述べたい．

2006年12月

吉﨑正憲
加藤輝之

目　　次

1. 豪雨・豪雪の形態 ……………………………………………………… 1
　1.1　線状降水帯 ……………………………………………………… 1
　1.2　熱雷や台風にともなう豪雨 …………………………………… 12

2. 乾燥大気の対流－温位の導入－ ……………………………………… 14
　2.1　理想気体の状態方程式 ………………………………………… 15
　2.2　熱力学第1法則 ………………………………………………… 16
　2.3　静水圧平衡の式 ………………………………………………… 18
　2.4　乾燥大気における断熱過程－乾燥断熱減率 ………………… 19
　2.5　乾燥大気の安定性 ……………………………………………… 21

3. 湿潤大気の対流－相当温位の導入－ ………………………………… 27
　3.1　水蒸気量を表す物理量 ………………………………………… 28
　3.2　クラウジウス–クラペイロンの式，キルヒホフの式－飽和水蒸気量 … 29
　3.3　湿潤大気における断熱過程－湿潤断熱減率 ………………… 31
　3.4　飽和相当温位の導出 …………………………………………… 33
　3.5　相当温位の保存性 ……………………………………………… 34
　3.6　エマグラムと潜在不安定 ……………………………………… 37
　3.7　対流不安定 ……………………………………………………… 39
　3.8　積乱雲の潜在的発達高度 ……………………………………… 42

4. 降水過程 ………………………………………………………………… 47
　4.1　積乱雲の寿命 …………………………………………………… 47
　4.2　雲粒から雨粒への成長－雲物理過程 ………………………… 49
　4.3　固相（雲氷・雪・あられ）を含まない雲物理過程のモデル化 …… 51

  4.4 降水の役割−感度実験 ………………………………………… 53

5. 積乱雲・メソスケール擾乱・大規模場の擾乱との関係 ………… 56
  5.1 気象擾乱の空間・時間スケール ……………………………… 57
  5.2 積乱雲にとっての環境場（鉛直シア）の役割 ……………… 59
  5.3 メソ対流系にとっての大規模場の擾乱の役割 ……………… 62
  5.4 積乱雲・メソ対流系・大規模場の擾乱からなる階層構造 … 64
  5.5 積乱雲の移動を決める要因 …………………………………… 67

6. 梅雨期の豪雨 …………………………………………………………… 71
  6.1 梅雨前線帯の特徴 ……………………………………………… 72
  6.2 梅雨前線帯の成層構造 ………………………………………… 76
  6.3 梅雨期の積乱雲の潜在的発達高度 …………………………… 80
  6.4 梅雨期前半・後半での豪雨の具体例 ………………………… 85
  6.5 早朝に多い豪雨−降雨の日変化 ……………………………… 88

7. 豪雨のメカニズム−バックビルディング型豪雨− ………………… 92
  7.1 豪雨の発生機構 ………………………………………………… 93
  7.2 メソ対流系の停滞機構 ………………………………………… 97
  7.3 メソ対流系の維持機構 ………………………………………… 101
  7.4 バックビルディング型豪雨 …………………………………… 106
  7.5 地形性豪雨 ……………………………………………………… 110

8. 豪雨と乾燥大気 ………………………………………………………… 116
  8.1 気象衛星からみた乾燥大気の侵入 …………………………… 116
  8.2 中層の乾燥大気の役割 ………………………………………… 120

9. 冬季日本海側の豪雪 …………………………………………………… 127
  9.1 冬季日本付近での大気の特徴 ………………………………… 127
  9.2 日本海上における気団変質 …………………………………… 132
  9.3 寒気流入と等温位面渦位 ……………………………………… 134
  9.4 山雪型豪雪と里雪型豪雪 ……………………………………… 137

10. 豪雪をもたらすメソスケール擾乱 ……………………………… 141
10.1 日本海寒帯気団収束帯（$JPCZ$）および近傍に発生する擾乱 …… 141
10.2 日本海沿岸にみられる降雪バンド ………………………………… 146

11. 数値モデルによる豪雨・豪雪の再現に必要なもの ……………… 153
11.1 豪雨・豪雪の再現に必要な数値モデルの水平分解能 …………… 153
11.2 豪雨・豪雪の再現に必要なデータ ………………………………… 155

A-1 本書で用いた記号の意味・単位，定数と略語 ……………………… 159

A-2 流体中での対流の発生 ………………………………………………… 162

A-3 温位および相当温位の保存性を用いた効率的な
凝結高度，湿潤断熱線上の温位の算出方法 ………………………… 164

A-4 非静力学雲解像モデル ………………………………………………… 167
A-4.1 非静力学雲解像モデルの支配方程式系 …………………… 168
A-4.2 非静力学雲解像モデルで取り扱われる雲物理過程 ……… 171

A-5 見かけの熱源と見かけの水蒸気減少 ………………………………… 174

文　　献 ………………………………………………………………………… 177
索　　引 ………………………………………………………………………… 185

1 豪雨・豪雪の形態

　豪雨・豪雪に対するイメージは多分，読者によらずほとんど変わらないものであろう．なぜなら，豪雨だけをとっても，桶をひっくり返したような大量の雨，その雨による河川の氾濫，家屋の浸水や土砂崩れといったものをほとんどの人が連想する．そういったイメージは日常テレビでの放映や直接体験したことによる記憶である．しかし，それらのイメージのスケールは大きくてもヘリコプターなどからとらえられた映像であり，実際どのような領域に豪雨・豪雪がもたらされているかはそれらからでははっきりとしない．

　本章では，豪雨・豪雪のメカニズムを理解する前に，豪雨・豪雪が引き起こされたときの降水分布がどのような形態をしているか，また地上天気図からどのような環境場で発生しているのかをみてみる．まず，主に梅雨期に，熱雷や台風と直接関係しないで豪雨が引き起こされたときの降水分布をみる（本書ではこのような豪雨に焦点を当てて記述している）．つぎに，熱雷や台風にともなう場合を示す．そこに共通する特徴がみられれば，そのような形態をしているときになぜ豪雨・豪雪が発生するのかを考えればよいことになり，豪雨・豪雪のメカニズムを理解するうえで，非常に大きな手助けとなる．

1.1　線状降水帯

　毎年，1〜2ケース程度は地名を冠とした集中豪雨が発生する．なかには，気象庁が正式に命名したものもある．そのような豪雨の中で，熱雷や台風と直接関係しないものとして，1980年代から2005年までに日本付近で観測された代表的な26例を表1.1に示す．これらは表中に記載した参考文献により報告されているか，

1. 豪雨・豪雪の形態

表 1.1 1980年代以降2005年までに日本付近で発生した熱雷や台風と直接関係しない集中豪雨の例. なお, これらの例はすべて線状降水帯により発生した (小倉, 1991を修正・加筆).

発生場所	冠 名	年月日	環境場	参考文献
長崎市	1982年長崎豪雨	1982.7.23	温暖前線	福岡管区気象台 (1984), 長谷川・二宮 (1984), Ninomiya et al. (1984), Ogura et al. (1985), 荒生 (1986), Nagata and Ogura (1991)
島根県西部	1983年島根豪雨	1983.7.23	梅雨前線	渡部 (1984), Watanabe and Ogura (1987)
福岡市	-	1983.9.6	寒冷前線	早川ほか (1989a)
熊本県五木村	-	1984.6.28	梅雨前線	二宮ほか (1987)
島根県西部	1985年島根豪雨	1985.7.5〜6	梅雨前線	渡部・栗原 (1988)
鹿児島市	-	1986.7.10	梅雨前線の南側	早川ほか (1989b)
宮古島	-	1988.4.28	梅雨前線の南側	沖縄気象台 (1990)
九州北中部	-	1988.6.23	温暖前線	榊原ほか (1990)
島根県西部	1988年島根豪雨	1988.7.15	梅雨前線	渡部・平原 (1991), 浜田 (1990)
九州北西部		1988.7.17	梅雨前線	榊原ほか (1990)
鹿児島県	1993年鹿児島豪雨	1993.8.1	梅雨前線	気象庁 (1995), Kato (1999)
鹿児島県	1993年鹿児島豪雨	1993.8.6	梅雨前線	気象庁 (1995), 斉藤・加藤 (1996)
鹿児島県出水市	1997年出水豪雨	1997.7.9	梅雨前線の南側	加藤 (2005)
新潟県北部	1998年新潟豪雨	1998.8.4	梅雨前線	気象庁 (2000), Kato and Goda (2001)
栃木県北部	1998年栃木・福島豪雨	1998.8.27	台風からの暖湿気流入域	気象庁 (2000)
高知県	1998年高知豪雨	1998.9.24	秋雨前線の南側	気象庁 (2000)
福岡市・広島県	1999年福岡・広島豪雨	1999.6.29	寒冷前線	Kato (2006)
千葉県	1999年佐原豪雨	1999.10.27	発達中の低気圧	金井 (2002)
愛知県	2000年東海豪雨	2000.9.11〜12	台風からの暖湿気流入域	加藤 (2002), 金田ほか (2002), 渡辺 (2002)
千葉県	2001年佐原豪雨	2001.10.10	発達中の低気圧	津口・榊原 (2005)
福岡県太宰府市	2003年福岡豪雨	2003.7.19	寒冷前線	松本 (2005)
熊本県水俣市	2003年熊本豪雨	2003.7.20	梅雨前線の南側	加藤 (2005)
静岡県	2004年静岡豪雨	2004.6.30	台風からの暖湿気流入域	
新潟県中部	2004年新潟・福島豪雨	2004.7.13	梅雨前線	Kato and Aranami (2005)
福井県	2004年福井豪雨	2004.7.18	梅雨前線	Kato and Aranami (2005)
東京都内	2005年首都圏豪雨	2005.9.4	台風からの暖湿気流入域	

図 1.1 で示されている 1997 年以降の豪雨である．

表 1.1 によると，1990 年代前半に集中豪雨は少ないようにみえる．このことは，豪雨・豪雪に関する研究の進歩と関連がある．1980 年代には水平分解能数十 km の数値予報モデルの利用により急速に豪雨・豪雪に関する研究が進歩した．しかし，そのようなモデルでは第 5 章で詳しく述べる豪雨・豪雪をもたらす積乱雲を表現することができない．そのために，数値予報モデルを用いての豪雨・豪雪に関する議論には限界があった．このことが，1990 年代前半に集中豪雨の研究例を少なくさせていて，表 1.1 に示されていないからといって集中豪雨が少なかったわけではない．1990 年代後半から付録 A-4 に記述した非静力学雲解像モデル（水平分解能 1～数 km）が利用できるようになり，豪雨・豪雪に関する研究は 1980 年代にも増して急速に進歩した．その代表的な研究が Kato (1998), Kato and Goda (2001), Kato (2006) であり，本書ではその研究内容の多くを紹介している．

さて，具体的に集中豪雨が発生したときの降水分布をみてみよう．表 1.1 で示した中で，1997～2005 年の 9 年間で発生した 14 例についての豪雨発生時の 3 時間積算降水量分布と地上天気図を図 1.1 に示す．まず降水分布（図 1.1 の左図）をみると，どの例も長さが 100～200 km 程度で，幅が 10～30 km の線状の降水域がみられる．さらに，その降水域以外に顕著な降水域がみられないケースがかなりある．また，その降水域が少なくとも 3 時間はほとんど移動していない．

(a) 1997 年出水豪雨（1997 年 7 月 9 日 9 時）

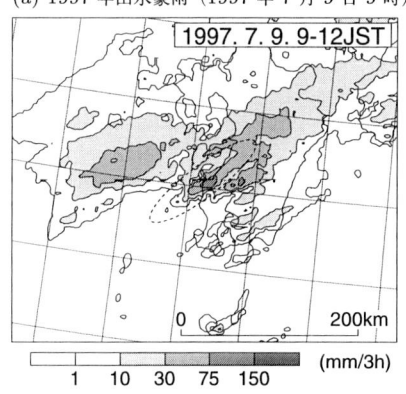
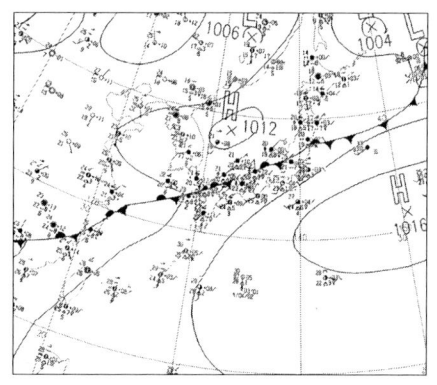

図 1.1 豪雨発生時の降水量分布の例（左図）と発生時の地上天気図（右図，時刻は豪雨名称の後の括弧の中に示す）．降水分布はレーダー・アメダス解析雨量から見積もった 3 時間積算降水量．強い降水域が複数ある場合，対象の豪雨をもたらしたものを破線の楕円で示す．また，台風に関連がありそうな豪雨については別途，括弧内に関連台風名を示す．

(b) 1998年新潟豪雨（1998年8月4日3時）

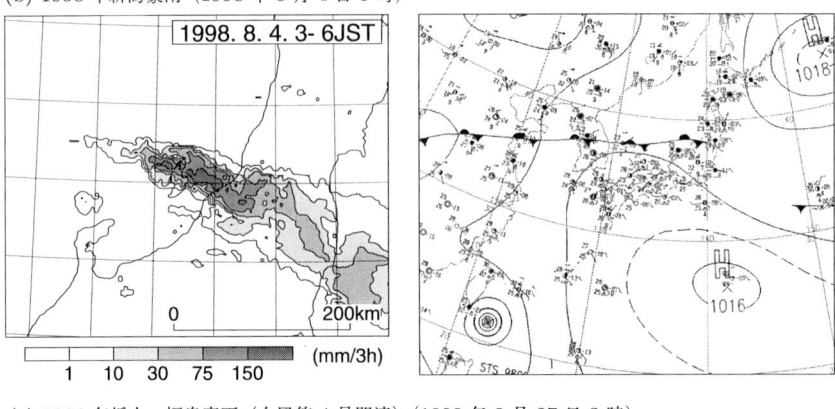

(c) 1998年栃木・福島豪雨（台風第4号関連）（1998年8月27日3時）

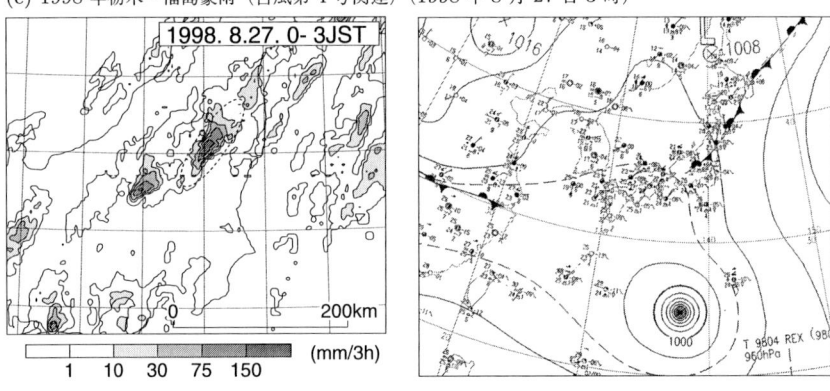

(d) 1998年高知豪雨（1998年9月24日21時）

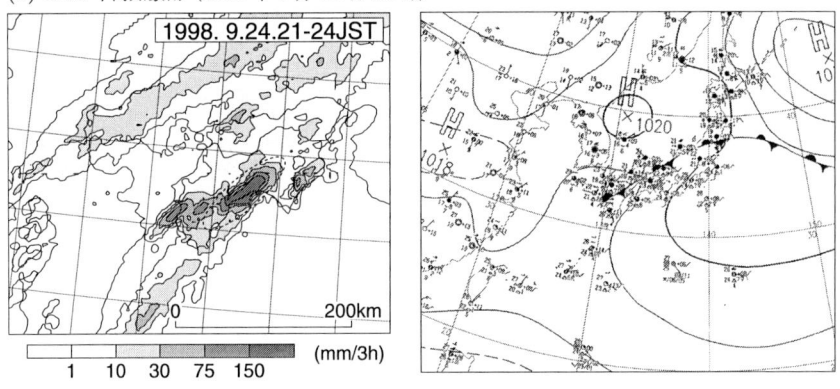

図 1.1　（続き）

(e) 1999年福岡・広島豪雨（1999年6月29日9時）

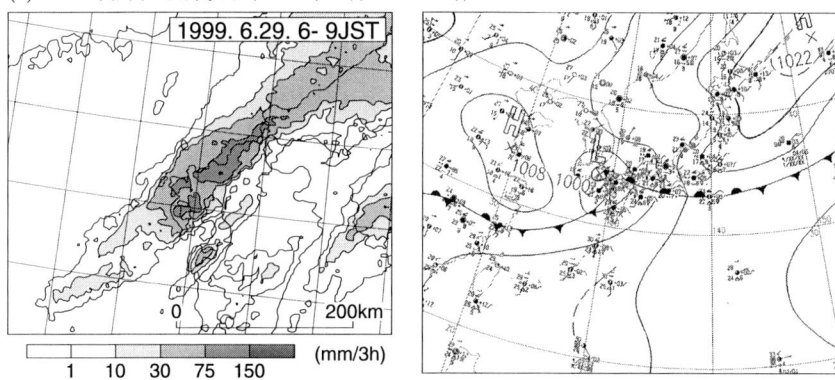

(f) 1999年佐原豪雨（1999年10月27日21時）

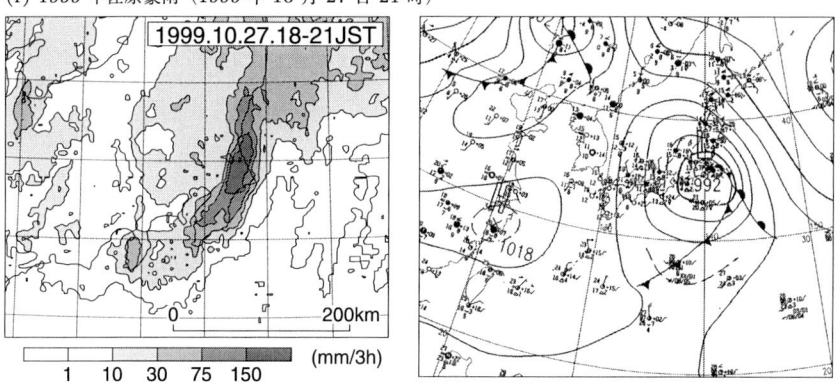

(g) 2000年東海豪雨（台風第14号関連）（2000年9月11日21時）

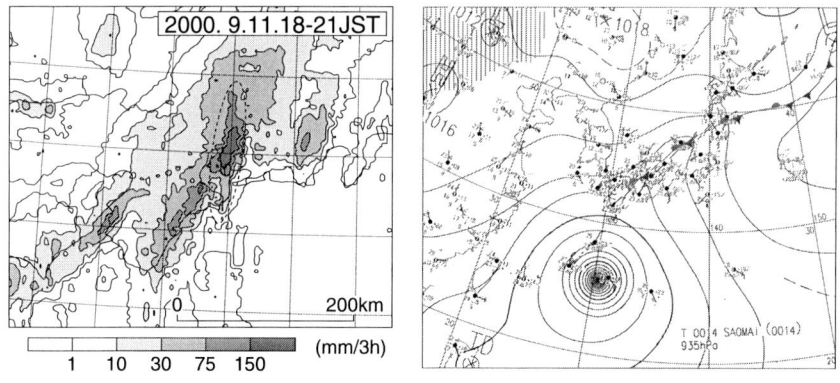

図 1.1　（続き）

(h) 2001年佐原豪雨（2001年10月10日21時）

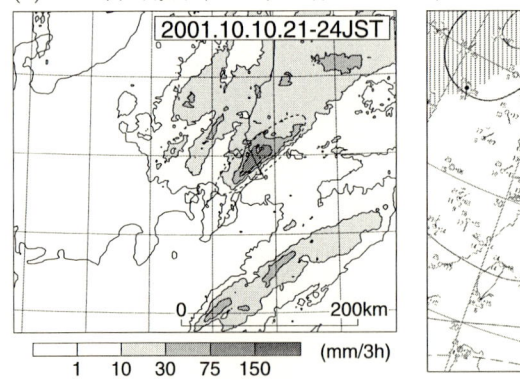
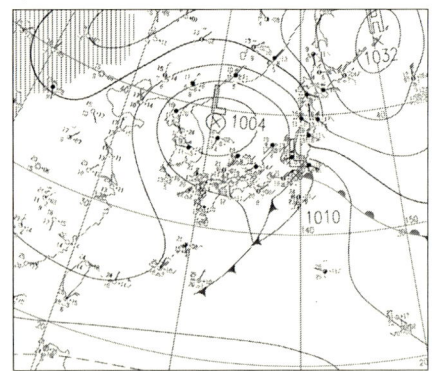

(i) 2003年福岡豪雨（2003年7月19日3時）

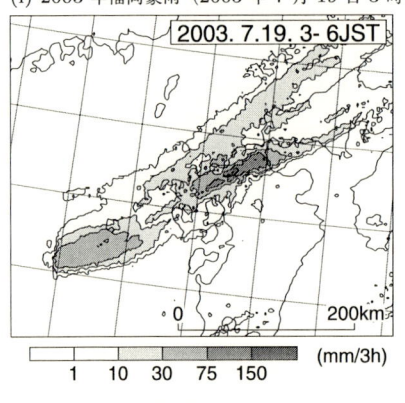
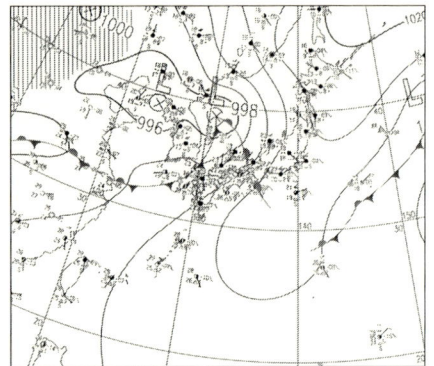

(j) 2003年熊本豪雨（2003年7月20日3時）

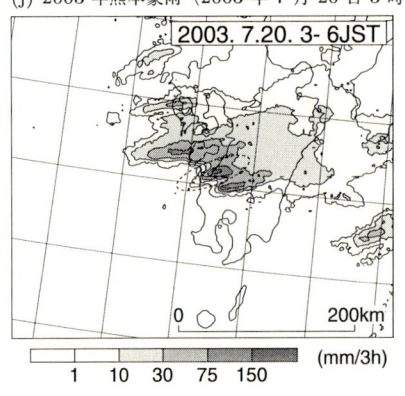
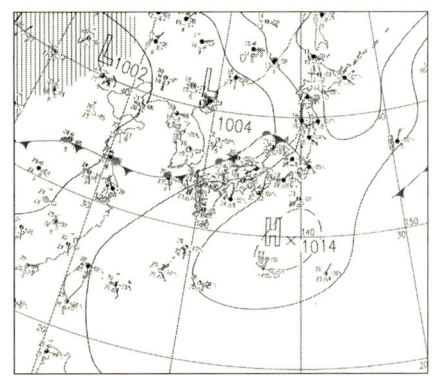

図 **1.1** （続き）

(k) 2004年静岡豪雨（台風第8号関連）（2004年6月30日9時）

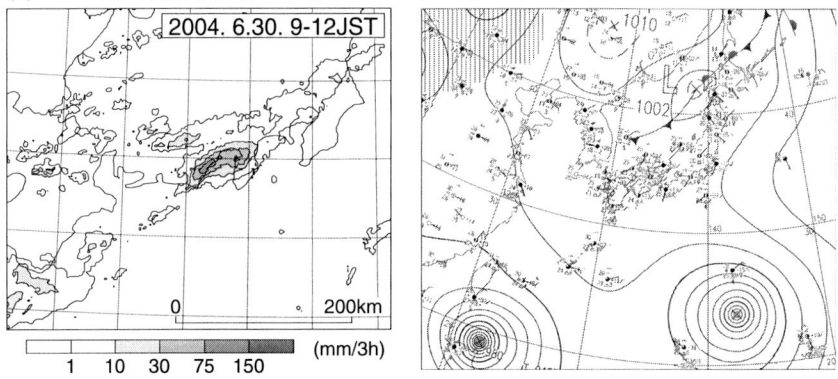

(l) 2004年新潟・福島豪雨（2004年7月13日9時）

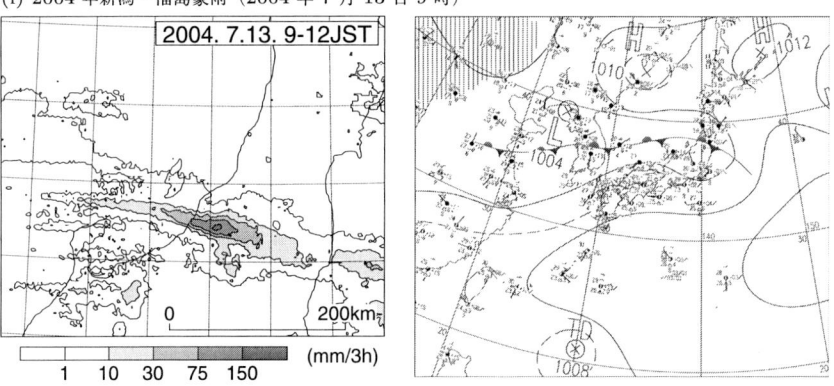

(m) 2004年福井豪雨（2004年7月18日9時）

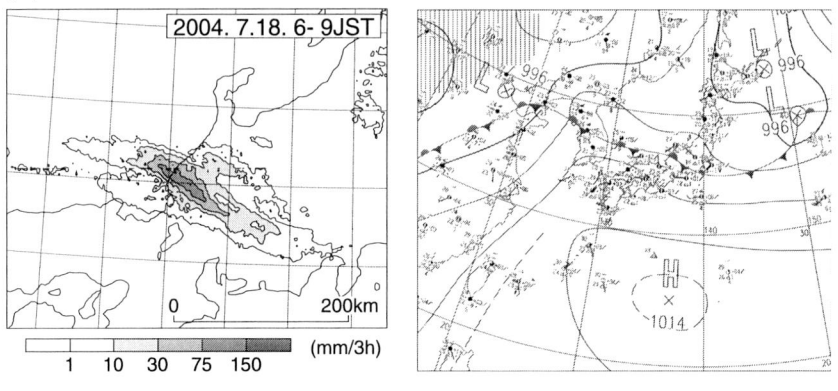

図 **1.1** （続き）

(n) 2005 年首都圏豪雨（台風第 14 号関連）（2005 年 9 月 4 日 21 時）

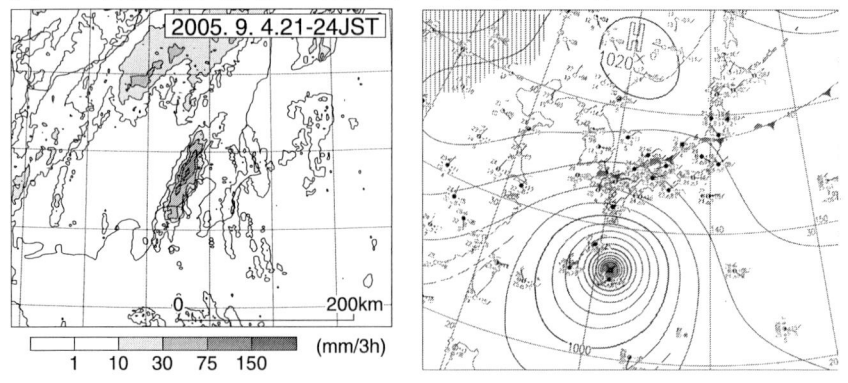

図 1.1　（続き）

　図 1.1 で示した降水量分布を 200 km スケールで平均してみたらどうであろうか．3 時間の積算降水量が 150 mm を超えた領域があったとしても，広領域で平均してしまえば 10 mm 程度の降水となって，豪雨とはとてもいえない程度になる．すなわち，集中豪雨は文字どおり降水がある領域に集中している現象なのである．したがって，多くの豪雨は線状の降水域，すなわち，線状降水帯が長時間ほぼ同じ場所に停滞することにより引き起こされるのである．

　つぎに，豪雨発生時の環境場を地上天気図（図 1.1 の右図）でみると，表 1.2 に示したように，豪雨が発生する位置で 5 つのパターンに分類することができる．まず，低気圧や前線といった大規模場の擾乱にともなった豪雨（パターン 1～3）とそうでないもの（パターン 4, 5）に分類される．それぞれについて図 1.1 と照らし合わせてみてみる．

　大規模な擾乱にともなった豪雨として，発達中の低気圧の中心付近での南よりの風が卓越している領域で発生するケース（図 1.1f, h）があり，これがパターン 1 である．このような低気圧は中緯度の偏西風波動の影響を受けて発達するので，梅雨期から夏期にはみられない．さらに，豪雨を発生させるための大量の水蒸気を供給する暖かい海面水温が必要となる．この 2 つの条件が満たされる秋に，パターン 1 の豪雨が発生する．パターン 2 は，1999 年福岡・広島豪雨のように，寒冷前線上で発生するケース（図 1.1e, i）である．また，パターン 3 は，1998 年新潟豪雨に代表される停滞前線として解析されている梅雨前線上で発生するケース（図 1.1b, l, m）である．パターン 2, 3 については，降水分布をみると顕著な線状降水帯が単独で現れている．

表 1.2　日本付近で線状降水帯により豪雨が発生する主な環境場の分類.

パターン	大規模な擾乱	豪雨が発生する位置と大規模な擾乱との関係	
1	低気圧	中心付近 (温暖前線上を含む)	大規模擾乱にともなった豪雨
2	寒冷前線	前線上	
3	梅雨前線・秋雨前線 (停滞前線として解析)		
4		南側 100～200 km	大規模な擾乱と直接関係がない豪雨
5	台風	台風の影響下で加湿された大気が南または南東風により流入する領域	

　大規模な擾乱と直接関係がない豪雨として,停滞する梅雨前線の南側100～200 kmで発生するケース(図1.1a, d, j)があり.これがパターン4である.パターン5は,台風が直接影響していないものの,2005年首都圏豪雨のように台風付近で加湿された大気が南または南東風により流入して発生したケース(図1.1c, g, k, n)である.このパターンが図1.1で示した中でいちばん多い.この2つのパターンについては豪雨の発生位置を特定する情報が地上天気図にないことから,一般的に豪雨どころか降水を予想することも難しい.実際,天気予報に用いられている数値モデルの予想精度も,大規模な擾乱にともなった豪雨(パターン1～3)に比べて悪い.

　それでは,表1.1に示されている1996年以前に観測された熱雷と台風に直接関係しない集中豪雨の例はどうだったのだろうか.小倉(1991)などによると,すべての例で線状降水帯により集中豪雨がもたらされていることが確かめられている.また,温暖前線上で発生した集中豪雨の例(1982年長崎豪雨など)があるが,これらの豪雨は低気圧の中心付近の温暖前線上で発生しているので,低気圧の中心付近に分類してもよいだろう.

　豪雨のケースの多くは,線状降水帯により引き起こされていることを述べたが,豪雪のケースではどうだろうか.豪雪の例として,2001年福井・石川県と新潟県での豪雪のケースについて,豪雪が観測された頃の6時間積算降水量分布と地上天気図を図1.2に示す.豪雨のケースと比べて,6時間降水量が30 mm程度なので少ないように思われるかもしれないが,積雪量にすると30 cmをはるかに超える.したがって,豪雨でないケースでも,雨でなく雪であれば豪雪になる.また,

(a) 2001 年福井・石川県での豪雪（2001 年 1 月 15 日 15 時）

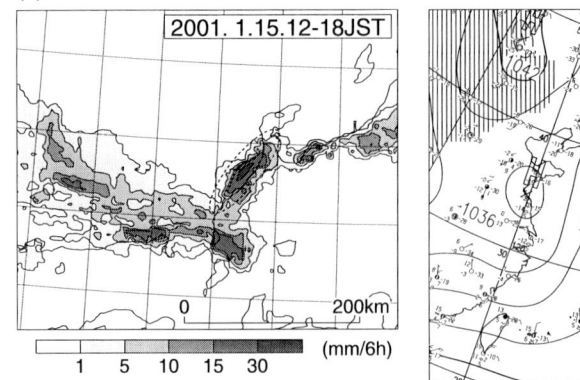
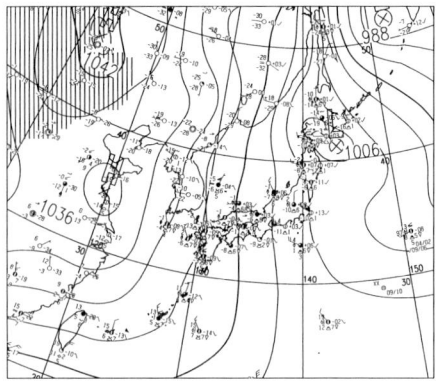

(b) 2001 年新潟県での豪雪（2001 年 1 月 16 日 9 時）

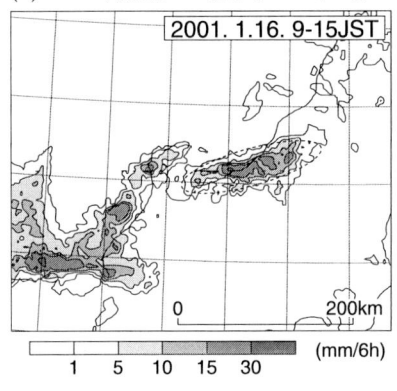
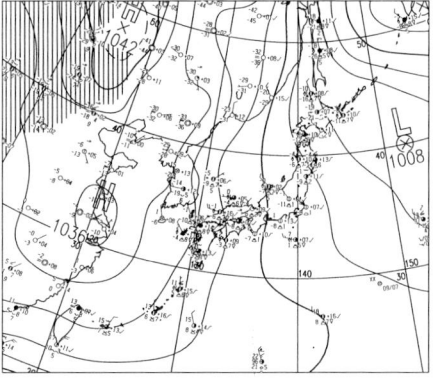

図 1.2 豪雪発生時の降水量分布の例（左図）と発生時の地上天気図（右図，時刻は豪雪名称の後の括弧の中に示す）．

　豪雨のケースと同様に，線状降水帯が少なくとも 6 時間はほとんど移動していない．すなわち，豪雨と同じく降雪がある場所に集中することにより豪雪となる．さらに，線状降水帯が停滞している平均的な時間が豪雨のケースよりも長い．

　ここでみた 2 つの事例はいずれも沿岸平野域で豪雪がもたらされており，主な降雪域が山岳域である「山雪型」豪雪とは対称的な「里雪型」豪雪である．このときの地上天気図（図 1.2 の右図）をみると，日本付近は西高東低の冬型の気圧配置となっている．しかし，典型的な「山雪型」豪雪時の気圧配置と比べると，等圧線の間隔は広い．そのために季節風も弱く，豪雪にはならないような印象を受ける．ところが，「里雪型」豪雪時には今回のケースも含めて日本海の上空に強い

寒気をともなった深い気圧の谷が南下していることが多く，その影響下で線状降水帯や小低気圧などが発生・発達し，局地集中化した降雪によって豪雪がもたらされる．このような擾乱の発生・発達のメカニズムについては第9章で詳しく述べる．

以上のように，熱雷や台風と直接関係しない場合，線状降水帯が長時間ほぼ同じ場所に停滞することによって豪雨・豪雪が引き起こされる．本書では（次章以降に），そのような豪雨・豪雪が引き起こされるメカニズム（たとえば，線状降水帯の形成）について，降水をもたらす積乱雲の発生から説明する．

(a) 1999年練馬豪雨 (1999年7月21日15時)

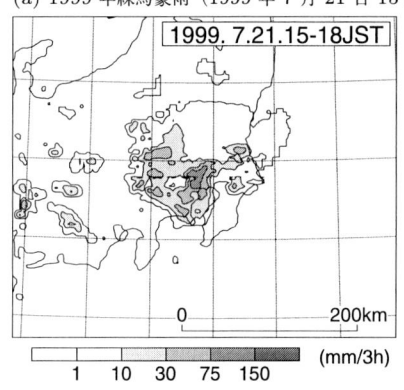 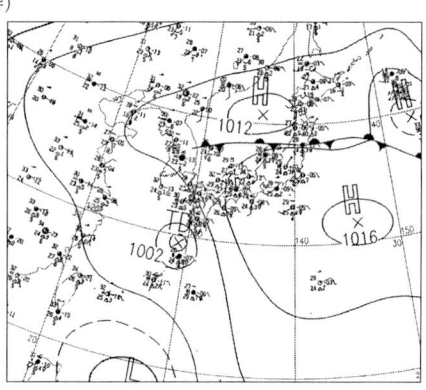

(b) 2002年東京大手町での豪雨 (2002年8月2日15時)

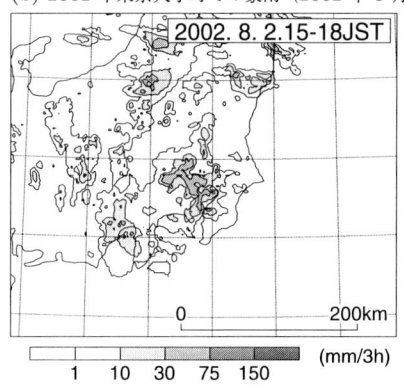 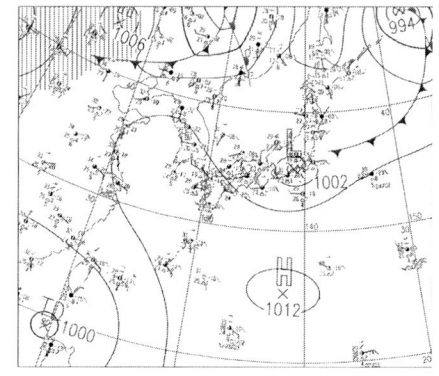

図 1.3 熱雷にともなう豪雨発生時の降水量分布の例（左図）と発生時の地上天気図（右図，時刻は豪雨名称の後の括弧の中に示す）．

1.2 熱雷や台風にともなう豪雨

前節では線状降水帯により引き起こされる豪雨について述べたが，そういった降水帯をともなわずに，表 1.1 に分類した場所以外でも豪雨は発生する．1 つは夏期に多くみられる熱雷にともなう豪雨である．もう 1 つは台風の直接的な降雨によるものである．

東京付近で発生した熱雷をともなう豪雨の例について，豪雨発生時の 3 時間積算降水量分布と地上天気図を図 1.3 に示す．降水分布（図 1.3 の左図）をみると，図 1.1 のような線状の降水域はみられない．また，線状降水帯のように長時間同じ場所に停滞することはなく，降水域が停滞しているのは 1～2 時間程度である．

(a) 2004 年台風第 23 号による近畿北部での豪雨（2004 年 10 月 20 日 15 時）

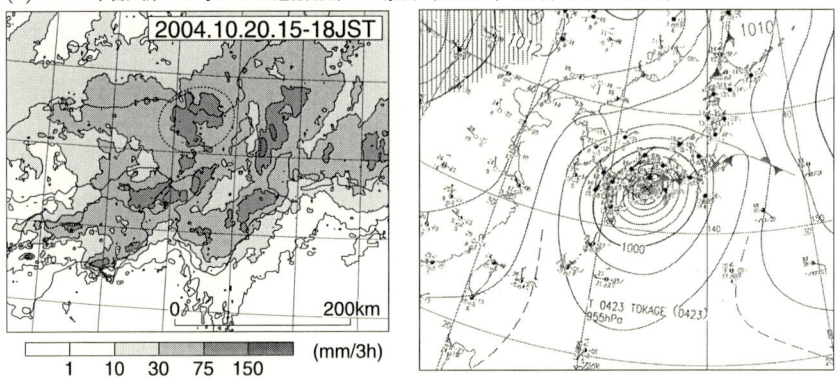

(b) 2005 年台風第 14 号による九州での豪雨（2005 年 9 月 5 日 21 時）

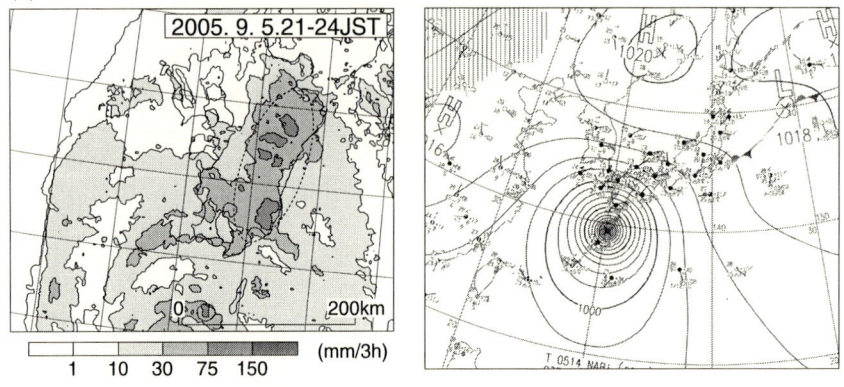

図 1.4 台風にともなう豪雨発生時の降水量分布の例（左図）と発生時の地上天気図（右図，時刻は豪雨名称の後の括弧の中に示す）．注目する豪雨域を破線の楕円で示す．

さらに，豪雨が発生した領域は線状降水帯によるものより狭く，降水の集中度は非常に高い．豪雨発生時の地上天気図（図 1.3 の右図）をみてみると，1999 年練馬豪雨のケースでは太平洋高気圧の西縁かつ梅雨前線の南側約 200 km で，2002 年東京大手町での豪雨のケースでは前線をともなわない低気圧付近で豪雨が発生した．しかし，地上天気図からだけでは，豪雨が発生しそうな環境場であると特定することはできない．

つぎに，台風による豪雨の例について，豪雨発生時の 3 時間積算降水量分布と地上天気図を図 1.4 に示す．台風にともなう強風により，暖かい海面から供給された水蒸気が主に山岳の斜面を滑昇することにより豪雨が引き起こされる．この典型的な例が 2005 年台風第 14 号で，宮崎県を中心に豪雨をもたらしたケース（図 1.4b）である．台風による南〜東からの強風が直接当たる日本列島の太平洋側で，南東斜面をもつ場所（たとえば，紀伊半島，四国，南九州）にこのような豪雨がよく引き起こされる．しかし，台風による豪雨を発生させる大量の水蒸気は南〜東からの風でもたらされるとは限らない．2004 年台風第 23 号にともなう近畿北部での豪雨（図 1.4a）では，水蒸気は北東風により日本海側からもたらされていた．これは，日本海での海面水温が 25℃程度とかなり高く，日本海上でも海面から多くの水蒸気が供給されたためである．

2
乾燥大気の対流 －温位の導入－

　地球大気は水蒸気を除けば，その大部分は窒素と酸素とアルゴンからなっている（99.9%の重量比）．このような物質は常温で気相から液相へと相変化しないので，それらにより大気中でつくり出される対流は乾燥大気における対流（乾燥対流）である．ここで，大気に「乾燥」とつけたのは次章で述べる水蒸気を含む湿潤大気と区別するためである．地球大気は，水蒸気による相変化をともなう湿潤大気の対流（湿潤対流）によって特徴づけられる．しかし，本章では，まず乾燥大気における気象学の概念と大気の安定性について述べることにする．それは，乾燥大気の方が湿潤大気よりは取扱いが簡単で，湿潤対流が起こる場合のさまざまな特徴が乾燥対流でもみられるからである．したがって，乾燥対流の理解は，豪雨・豪雪の問題へ進むための重要な第一歩となる．

　これから対流という用語が頻出するので，ここで定義しておきたい．対流とは，大気が不安定な成層をしている場合にわずかの揺らぎから自励的に運動を起こして上下方向に転倒し中立な成層を実現する運動のことである．日常生活でも対流は身近にみることができる．たとえば，冷たい水を鍋に入れて下から温めると，水は熱くなってグツグツと音を立てて中の水が運動し始める．これが対流である．

　大気の性質について，一見パラドックスのように思われることが多々ある．たとえば，「どうして暖かい空気は上昇するのに上空は冷たいのか？」という問いかけに対して，どう答えればいいのだろうか．上空十数kmの高さを飛ぶ飛行機では外から空気を客室に取り入れて換気をしているが，温度対策はどうしているのだろうか．上空の冷たい空気を取り入れるのだから空調機で暖めていると思われるかもしれないが，実際は冷やしている．本章では，こうしたパラドックスの理

由を理解していただきたい．

2.1 理想気体の状態方程式

　大気の状態を記述するには，気温 T (temperature, K)，気圧 p (pressure, Pa = kg m^{-1} s^{-2}；気象学では慣用として $100\,\mathrm{Pa} = 1\,\mathrm{hPa}$ を単位として使う場合が多い)，体積 V (volume, m^3)，密度 ρ (density, kg m^{-3}) などが使われる．これらの性質は，膨大な数の窒素，酸素，アルゴンなどの気体分子がつくり出す．たとえば，気圧は気体分子の衝突による単位面積当たりの力であり，気温は気体分子の運動エネルギーに相当する．付録 A-1 にその意味や次元などをまとめておく．

　上で述べた大気の状態を記述する気温，気圧，体積はお互い関係していて，ボイル–シャルル（Boyle–Charles）の法則から理想気体の状態方程式，

$$pV = mRT \tag{2.1}$$

が得られる．ここで，m は気体の質量 (kg)，R は気体ごとに定まる気体定数 (gas constant, J K^{-1} kg^{-1}) である．さらに，「同じ数の分子を含む気体は同じ圧力・同じ温度のもとでは同じ体積を占める」というアボガドロ（Avogadro）の法則から，1 kmol（$= 6.022 \times 10^{26}$ 分子数）の気体について

$$pV = R^*T \tag{2.2}$$

という関係が得られる．ここで，R^*（$= 8314.3$ J K^{-1} kmol^{-1}）は一般気体定数 (universal gas constant) と呼ばれる．また，気体ごとに定まる気体定数 R は，その気体の分子量 M (kg kmol^{-1}) を用いて，

$$R^* \equiv MR \tag{2.3}$$

により定義することができる．

　複数の種類の気体からなる混合気体では，ダルトン（Dalton）の法則から，同じ体積と温度における混合気体の圧力 p はそれぞれの気体が占める分圧の和

$$p = \sum_j p_j \tag{2.4}$$

で表される．ここで，p_j はそれぞれの気体を $j = 1, 2, 3, \cdots$ で示したときの分圧である．式 (2.4) に式 (2.1), (2.3) を代入すると，

$$p = \sum_j p_j = \frac{R^* T}{V} \sum_j \frac{m_j}{M_j} \tag{2.5}$$

が得られる．混合気体の質量は $\sum_j m_j$，混合気体の密度は $\rho = \sum_j m_j / V$ なので，混合気体の平均分子量と気体定数を

$$\overline{M} = \sum_j m_j \Big/ \sum_j \frac{m_j}{M_j}, \qquad \overline{R} = \frac{R^*}{\overline{M}} \tag{2.6}$$

と定義すると，混合気体の状態方程式は

$$p = \rho \overline{R} T \tag{2.7}$$

となる．

地球大気を乾燥大気の組成で考えると，重量比で約 75.5% の窒素分子，約 23.1% の酸素分子，約 1.3% のアルゴン分子からなる混合気体である．これらを式 (2.6) に代入し，乾燥大気の平均分子量 M_d，気体定数 R_d を求めると，$M_d = 28.96$ kg kmol^{-1}，$R_d = 287$ J K^{-1} kg^{-1} となる．参考までに，水蒸気については式 (2.3) と水の分子量 $M_v = 18.02$ kg kmol^{-1} から，水蒸気の気体定数 R_v は 461 J K^{-1} kg^{-1} となる．

2.2 熱力学第 1 法則

大気の静的な状態はエネルギーで考えるのが最も簡単である．なぜなら，エネルギーは保存するので加算性が成り立つからである．ここでは，この加算性が成り立つ熱力学第 1 法則（first law of thermodynamics）を利用して，乾燥大気の熱力学について簡単に述べる．熱力学第 1 法則は

$$\Delta Q = \Delta W + \Delta U \tag{2.8}$$

と書ける．ここで，ΔQ は外から与える熱の大きさ，ΔW は大気がする仕事，ΔU は温度に関係する内部エネルギー（internal energy）の変化である．Δ は微小量を意味する．気体の内部エネルギーは，イギリスの物理学者ジュール（Joule）によって気体の温度のみの関数であることが見出されている．また，式 (2.8) の意味するところは，ΔQ という熱を与えると，一部は仕事として使われ，残りは気温を上げるのに使われるということである．

シリンダー内のピストンを動かした場合（図 2.1）を例として，式 (2.8) を具体

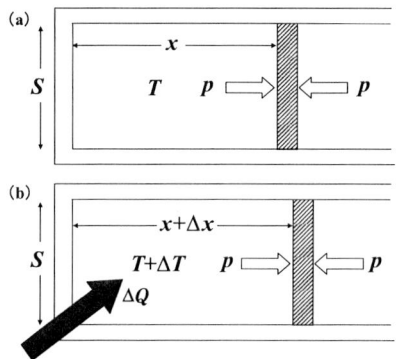

図 2.1 (a) 加熱する前の容器の気体と (b) 微小量の熱 ΔQ を入れた場合の気温と体積の変化. S は断面積, x は長さ, p はシリンダーに働く気圧とする. ピストン (▨の部分) には質量と摩擦はなく自由に動くものとする.

的に説明する. 図 2.1a の閉ざされた領域に気体があるとする. また気圧を p, 断面積を S, 距離を x として, 右側のピストンは力が働くと動くものとする. ただし, ピストンには摩擦は働かず質量もないものと仮定する. 図 2.1b では, 外から熱 ΔQ が閉ざされた領域に入ってくる場合を考える. そうすると, ピストンは Δx だけ動き, 仕事量は $\Delta W = pS\Delta x = p\Delta V$ となる. また, 気温は T から $T+\Delta T$ となり, 内部エネルギーの変化は $\Delta U = C_{vd}\Delta T$ となる. ここで, C_{vd} は体積が一定の条件で熱が加わることで気温が変化する場合の比熱で, 乾燥大気における定容 (定積) 比熱 (specific heat at constant volume) と呼ばれる. したがって, この場合

$$\Delta Q = p\Delta V + C_{vd}\Delta T \tag{2.9}$$

と書くことができる.

乾燥大気を考えると, 図 2.1 について, 式 (2.7) から

$$p = \rho R_d T \implies pV = R_d T \tag{2.10}$$

と

$$(p+\Delta p)(V+\Delta V) = R_d(T+\Delta T) \tag{2.11}$$

の関係が成り立っている. ここで, Δ のつく量が微小量であることから (Δ の 2

乗は無視すると),

$$\frac{\Delta p}{p} + \frac{\Delta V}{V} = \frac{\Delta T}{T} \tag{2.12}$$

という関係が得られる．式 (2.9), (2.10), (2.12) から

$$\Delta Q = -V\Delta p + C_{pd}\Delta T \tag{2.13}$$

が得られる．ここで，C_{pd} は

$$C_{pd} = C_{vd} + R_d \tag{2.14}$$

という関係にある．C_{pd} は，気圧が一定の条件で熱が加わることで気温が変化する場合の比熱であり，乾燥大気における定圧比熱（specific heat at constant pressure）と呼ばれる．大気においては，C_{vd} は 717 J K^{-1} kg^{-1}，C_{pd} は 1004 J K^{-1} kg^{-1} である．

乾燥大気の運動では，熱 ΔQ を与えないで空気の塊（空気塊）の特性を考えることが多い．このように熱の出し入れがない変化過程を断熱（adiabatic）過程と呼ぶ．この場合（$\Delta Q = 0$），気圧が一定の条件では，式 (2.9) から気体が膨張する（$\Delta V > 0$）と気温が下がる（$\Delta T < 0$）ことになる．また，同様に体積が一定の条件では，式 (2.13) から気圧が下がる（$\Delta p < 0$）と気温が下がる（$\Delta T < 0$）ことになる．

気体が膨張すると冷えることは身の周りでも経験する．たとえば，屋外でバーベキューを行うために，カセット式ガスボンベを使うときに，近くに火があって熱いはずなのにガスボンベは冷たくなって結露することがある．缶が冷たくなるのは，ガスボンベ内の体積が変わらない状態でガスがノズルから外に出ることで，ボンベ内の気圧が下がりそれにともなってボンベ内の気温が下がるためである．

2.3　静水圧平衡の式

質量をもつ地球大気には地球の引力が働く．また，上空ほど気圧が低いので，上向きに気圧傾度力（pressure gradient force）が別に働いている．ここでは，図 2.2 のように，高さ z とそれより少し高い $z+\Delta z$ に挟まれる密度 ρ の静止している空気塊を考える．重力加速度を g とすると，その空気塊に働く単位面積当たりの重力は $\rho g \Delta z$ となる．また，鉛直方向に働く気圧をみると，空気塊の底面には p，上面には $p-\Delta p$ の気圧がかかっている．この気圧差によって生じる気圧傾

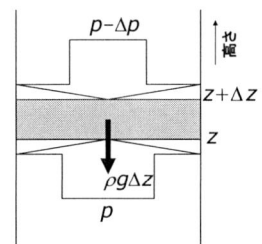

図 2.2 鉛直方向の Δz の厚さの空気塊（網のかかった部分）に働く重力 $\rho g \Delta z$ と気圧傾度力 $-\Delta p$.

度力は空気塊に働く重力と釣り合った状態にある．すなわち，この2つの力の関係は

$$-\Delta p = \rho g \Delta z \quad \Longrightarrow \quad \frac{dp}{dz} = -\rho g \tag{2.15}$$

と書ける．この式を，静水圧平衡（hydrostatic equilibrium）の式と呼ぶ．なお，式 (2.15) の右式は，微小量 Δ を微分量 d で表現したものである．密度の鉛直分布がわかると，式 (2.15) を用いて，地上からある高度まで積分することによって，その高度における気圧がわかる．

地上における平均気圧はおよそ 1000 hPa である．この大きさは単位面積 $1\,\mathrm{m}^2$ 当たり約 10^5 N（= 10^5 kg m s^{-2}）の力に相当する．しかしながら，通常われわれは気圧を感じて生活しているわけではない．それは，人間の身体はこの気圧に抗するつくりになっているからである．もし，深海や宇宙など地上気圧から大きく圧力が変わる環境にいくと，身体を守る防御服などが必要となる．

2.4 乾燥大気における断熱過程－乾燥断熱減率

本章の最初に，「どうして暖かい空気は上昇するのに上空は冷たいのか？」という問いかけを行った．ここで，まず「上空は冷たいのか？」について乾燥大気における断熱過程から考えてみる．

2.2節では熱力学第1法則 (2.8) を説明した．式 (2.13) によると，断熱過程（外部との熱の出入りがない：$\Delta Q = 0$）の場合，気圧が下がると気温が下がる．すなわち，大気では上空ほど気圧が低いため，断熱的に空気塊を上空に持ち上げると周囲の気圧が下がるので，その空気塊の温度は下がることになる．また，上空に持ち上げると空気塊が膨張するので，その温度が下がるという説明と同じことでもある．空気塊が膨張するのは，登山をしたときにスナック菓子の袋が破裂しそ

うにパンパンになるという体験からわかっていただけるだろう．

ところで実際，乾燥大気では空気塊を上空に持ち上げると，その温度はどの程度の割合で低下するのだろうか．断熱過程を仮定して，その割合を熱力学第1法則 (2.13) と 静力学平衡の式 (2.15) から求めてみると，

$$g\Delta z + C_{pd}\Delta T = 0 \implies -\frac{\Delta T}{\Delta z} = \frac{g}{C_{pd}} \equiv \Gamma_d \tag{2.16}$$

という関係が成り立つ．ここで定義された Γ_d は乾燥断熱減率（dry adiabatic lapse rate）と呼ばれ，その値は約 0.01 K m^{-1} である．つまり，乾燥大気では 1 km 上昇させると空気塊の温度は約 10 K 下がる．

また，断熱過程の場合，熱力学第1法則 (2.13) に乾燥大気の状態方程式 (2.10) を代入すると

$$-\frac{R_d T}{p}dp + C_{pd}dT = 0 \tag{2.17}$$

という関係式が得られる．ここで，微小量 Δ を微分量 d として取り扱う．この式を積分すると，

$$\theta \equiv T\left(\frac{p_0}{p}\right)^{R_d/C_{pd}} \equiv \frac{T}{\Pi} \tag{2.18}$$

が得られる．ここで，p_0 は基準気圧（通常 1000 hPa にとる）であり，$\Pi \equiv (p/p_0)^{R_d/C_{pd}}$ はエクスナー（Exner）関数と呼ばれる（図 2.5 の破線を参照）．θ はその基準気圧での気温であり，温位（potential temperature）と呼ばれる．式 (2.18) が意味するところは，断熱過程である限り，空気塊がどのように上下運動しても，しかる後に p_0 の高度にもってくると必ず空気塊の温度は θ になるということである．すなわち，θ は乾燥大気では保存量として定義されるものである．

ここで，θ について別の面から考えてみる．z を p_0 面からの高さ（$z = 0$ で $T = \theta$）とすると，$z = 0$ から空気塊を断熱的に上空に持ち上げたときの温度 T と θ には，乾燥断熱減率 (2.16) を用いることで，

$$T = \theta - \frac{g}{C_{pd}}z \implies s \equiv C_{pd}\theta = C_{pd}T + gz \tag{2.19}$$

という関係が成り立つ．ここで定義された s は乾燥静的エネルギー（dry static energy）と呼ばれる乾燥大気での保存量である．式 (2.19) から，乾燥大気ではエンタルピー（enthalpy）とも呼ばれる内部エネルギー（$C_{pd}T$）と位置エネルギー（gz）の和が保存することがわかる．したがって，空気塊が上昇することでその温

度が低下する理由として，空気塊の内部エネルギーの一部が位置エネルギーに変化するためと説明することもできる．

2.5 乾燥大気の安定性

「どうして暖かい空気は上昇するのに上空は冷たいのか？」という問いに対して，「どうして暖かい空気は上昇するのに」ということには触れずに，前節では「上空が冷たいのか？」という部分の理由を熱力学第 1 法則から説明した．それでは，どうして暖かい空気は上昇するのだろうか．ヘリウムガスで充填された風船や熱気球は上空に飛んでいく．これは周囲の大気に比べて，風船や熱気球内の気体の重さが軽い，すなわち，気体の密度 $\rho = m/V$ が小さいためである．ここで，重さとは単位体積当たりの質量を意味する．このことを気体の状態方程式 (2.10) で考えると，等圧のもとで密度が小さければ気体の温度は高いことがわかる．すなわち，周囲より高温であれば，空気塊は周囲より気体の重さが軽いために上向きに働く力を得て上昇するのである．この力を浮力 (buoyancy) という．ここで注意することは，同じ高度（気圧）で気温の高低を比較しなければならないことである．すなわち，下層での空気塊の温度が高いからといってもその空気塊をある高度に断熱的に持ち上げたときに，その高度の気温よりも必ずしも空気塊の温度が高いとは限らない．

ここで，浮力が方程式でどのように記述されるかを説明する．2.3 節で述べたように，静止している大気は静水圧平衡の式 (2.15) を満たす．そのような状態にあるところへ，別のところから暖かい空気塊が入ってきた場合を考えてみる．その空気塊の密度 ρ' は周囲の大気の密度 ρ より小さい，すなわち気体の重さが軽いので，図 2.3 の天秤で示したようにその空気塊には上向きに働く力（加速度）が生じる．この力が浮力であり，静水圧平衡 (2.15) からのずれとして記述できる．よって，入ってきた暖かい空気塊に働く浮力は鉛直方向の運動方程式をもとに

$$\frac{dw}{dt} = \frac{d}{dt}\left(\frac{dz}{dt}\right) = \frac{d^2z}{dt^2} = -g - \frac{1}{\rho'}\frac{dp}{dz} \tag{2.20}$$

という方程式で表される．また，周辺の大気は静水圧平衡の状態にあるので，式 (2.15) を満たす．式 (2.15) を式 (2.20) に代入すると，浮力は

$$\frac{d^2z}{dt^2} = g\frac{\rho - \rho'}{\rho'} \tag{2.21}$$

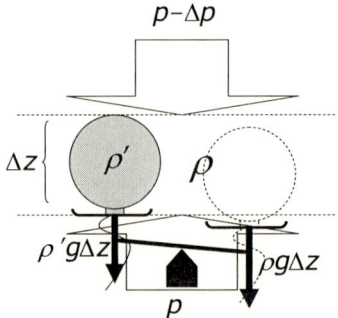

図 2.3 静水圧平衡にある周囲より軽い気体（密度を ρ' とする）で充填された風船にかかる力．ただし，風船の重さは考えない．破線の風船は周囲の気体と同じ密度 ρ をもつ．

と書き換えられる．さらに，式 (2.10), (2.19) を用いると

$$\frac{d^2z}{dt^2} = g\frac{T'-T}{T} = g\frac{\theta'-\theta}{\theta} \tag{2.22}$$

となる．ここで，T' と θ' は入ってきた暖かい空気の温度と温位である．すなわち，浮力とは，図 2.3 で示すように，静水圧平衡の状態から密度，温度または温位がどの程度ずれているかに比例する力として表現することができる．

つぎに，空気塊がどのような場合に浮力が得られるかについて考える．まず，2 つの異なる高度に存在する空気塊を考え，それぞれの空気塊を p_0 という基準気圧に断熱的に上下させたときの温度（温位）θ を見積もる．そのとき，上層の空気塊の θ が下層のものより大きい場合では，下層の空気塊は浮力を得ることができずに運動（対流）は生じない．このような状態を安定という．逆に，上層の空気塊の θ が下層のものより小さい場合，下層の空気塊は浮力を得て，対流が発生し，大気の状態に変化が生じてしまう．このように浮力が生じる状態を不安定という．なお，2 つの空気塊の θ が等しい場合でも対流は発生せず，そのような状態を中立という．

以上から，乾燥大気の安定性は，θ を用いて

$$\frac{d\theta}{dz} \begin{cases} > 0 & （絶対）安定 \\ = 0 & 中立 \\ < 0 & （絶対）不安定 \end{cases} \tag{2.23}$$

で表現することができる（図 2.4a）．ここで，（絶対）が頭についているのは次章で

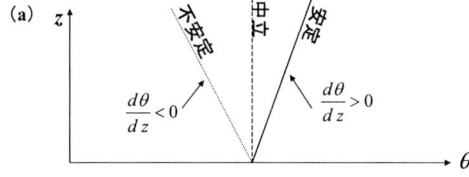

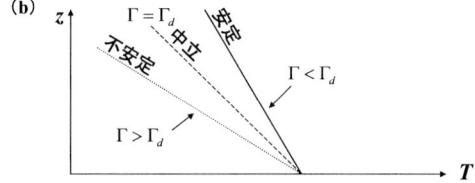

図 2.4 (a) 温位 θ と (b) 気温 T でみたときの乾燥大気の安定性．実線と点線はそれぞれ安定と不安定な場合の例であり，破線は中立の場合である．Γ は気温減率，Γ_d は乾燥断熱減率．

述べる湿潤大気での安定・不安定と区別するためである．式 (2.23) は，式 (2.19) で定義される乾燥静的エネルギーが上層ほど大きければ，乾燥大気は安定に存在することを意味する．

乾燥大気が安定な場合（$d\theta/dz > 0$），図 2.3 のように空気塊を持ち上げても上昇することはなく，周囲の大気よりも重いのでもとの位置に戻ろうとする．この戻ろうとする力（復元力）によって安定な場合の乾燥大気の安定度を評価することが多い．この復元力により空気塊は上下に振動し，その振動数は式 (2.22) の左辺が負になる場合の解として得られる．ここで，式 (2.22) では下層から持ち上げた空気塊の温位が θ'，周囲の大気の温位が θ としているので，ここでは $\theta > \theta'$ ($\theta' = \theta - \Delta\theta$) の場合を考えることになる．上下の変位 z を微小として，θ' を θ でテーラー展開すると

$$\theta' = \theta - \frac{d\theta}{dz}z + \frac{1}{2}\frac{d^2\theta}{dz^2}z^2 - \cdots \tag{2.24}$$

となる．式 (2.24) で z は微小なので 2 次より大きい項を無視し，式 (2.22) に代入すると

$$\frac{d^2 z}{dt^2} = -g\frac{1}{\theta}\frac{d\theta}{dz}z \tag{2.25}$$

が得られる．式 (2.25) は乾燥大気が安定（$d\theta/dz > 0$）の場合，振動解が得られ，その振動数 N は

$$N = \sqrt{g\frac{1}{\theta}\frac{d\theta}{dz}} \tag{2.26}$$

となる．この N をブラント–バイサラ（Brunt–Väisälä）振動数と呼ぶ．式 (2.23)，(2.26) をみれば明らかなように，N が大きいほど乾燥大気の安定度は大きいことがわかる．参考までに，乾燥大気が不安定（$d\theta/dz < 0$）なときでも，z を微小な変位とすると式 (2.25) が得られる．この場合，空気塊は上向きに加速度（浮力）を得て，z は時間とともに大きくなる．すなわち，$d\theta/dz < 0$ では，大気状態はもとに戻ることがないので不安定であることがいえる．

通常，乾燥大気では不安定な状態は存在していない．なぜなら，不安定な状態になれば即座に対流が発生し，不安定が解消されるからである（付録 A-2 参照）．ただし，地表から数 m の高度内の大気では，不安定な状態が存在し続けることがある．この場合，地表面での摩擦の影響で対流が発生しないので，上層への熱輸送は主に熱伝導により行われている．実際，日射により加熱された真夏のアスファルトの上や第 9 章で述べる日本海の海面付近などでは，このような不安定な状態が維持されている．このとき，この不安定な層より上空では，乾燥対流により不安定な状態は常に解消されていて，ほぼ中立な状態の成層が存在する．この成層を対流混合層（convective mixed layer）という．対流混合層は，朝から日射量が増えるに従って発達し（その厚みを増し），夜間放射により衰弱するという日変化をしている．

ところで，不安定な状態にあるとき，不安定が解消される過程でエネルギーはどのように変化するのだろうか．ここでは，下層から持ち上げる空気塊のエネルギーの変化についてみてみる．その空気塊の温位を θ_L，持ち上げた場所での周囲の温位を θ_U とすると，不安定な状態にあるので式 (2.23) より $\theta_L > \theta_U$ である．ところが温位は保存するので，空気塊を下層から持ち上げると，$\theta_L - \theta_U$ の差が生じてしまう．つまり，式 (2.19) で定義される空気塊の乾燥静的エネルギーが減少し，その減少分 $C_{pd}(\theta_L - \theta_U)$ は運動エネルギーに変化することになる．たとえば，手にもっているヘリウムガスで満たされた風船を放すと，図 2.3 に示したように浮力を得て，上昇運動を始める．このとき，風船内では空気の乾燥静的エネルギーの一部が運動エネルギーに変換されているのである．

また，気温 T で乾燥大気の安定性を評価すると，乾燥断熱減率 (2.16) を用いて，

2.5 乾燥大気の安定性

$$\Gamma \equiv -\frac{dT}{dz} \begin{cases} < \Gamma_d & \text{(絶対) 安定} \\ = \Gamma_d & \text{中立} \\ > \Gamma_d & \text{(絶対) 不安定} \end{cases} \tag{2.27}$$

となる（図 2.4b）．ここで，式 (2.16) と同様に Γ は温度の高さ方向の変化にマイナスの符号をつけて定義したもので，気温減率と呼ばれる．このため，式 (2.23)，(2.27) の安定度の条件の符号の向きが異なるので注意してほしい．また，$\Gamma = \Gamma_d$ の線を乾燥断熱線（dry adiabat）と呼ぶ．

それでは，実際の地球大気の気温と温位の鉛直プロファイルはどのようになっているのだろうか．2004 年 7 月 13 日 9 時の輪島での高層観測による気温と温位のプロファイルを図 2.5 に示す．このとき，輪島は新潟・福島豪雨が起こった地域の風上に位置する（図 1.1l 参照）．気温のプロファイル（図 2.5 の細い実線）をみると，150 hPa 高度までは単調減少している．しかし，この気温のプロファイルからだけでは乾燥大気の安定性はわからず，評価するためには図 2.4b のように乾燥断熱線の補助線を引く必要がある．その一方，温位（$=T/\Pi$）のプロファイル（図 2.5 の太い実線）をみると，高度とともに単調増加している．すなわち，乾燥大気で考えると，式 (2.23) から大気は安定な状態にあったことがわかる．とこ

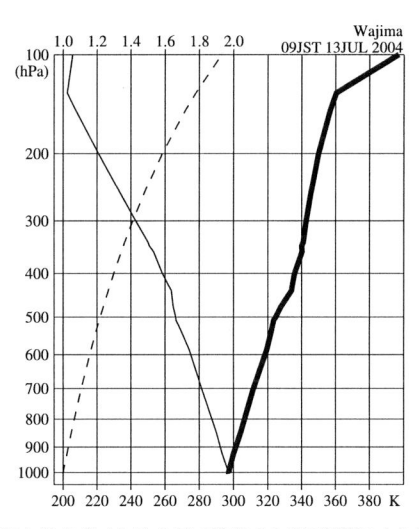

図 2.5 2004 年 7 月 13 日 9 時の輪島での高層観測による気温（細い実線），温位（太い実線）の鉛直プロファイル．破線は $1/\Pi = (p_0/p)^{R_d/C_{pd}}$ のプロファイルを示す（値はグラフ上部の 1.0〜2.0 に対応している）．

ろが，乾燥大気は安定しているにもかかわらず豪雨が引き起こされたことになる．このことを説明するには第3章で述べる湿潤大気の安定性を考える必要がある．

図 2.5 では，150 hPa より上空で気温は上昇している．このように高度が高くなるにもかかわらず，気温が高くなるところを逆転層と呼ぶ．温位のプロファイルでは，この逆転層は強安定層（$d\theta/dz$ が大きな部分）として存在している．このような逆転（強安定）層があると，その上空への対流の発達が抑制されることが多い（詳しくは 3.8 節を参照）．図 2.5 での逆転層は圏界面より上空に当たり，このことは対流圏内で発生した対流は対流圏内にとどまることを意味している．

本章の最初に，「どうして暖かい空気は上昇するのに上空は冷たいのか？」という問いかけを行った．これらの問いかけをパラドックスと感じたのは，すべて温度でみた概念だからである．すなわち，図 2.5 でわかるように，気温でみると上空は地上より冷たいが，温位は上空ほど大きく，式 (2.23) から乾燥大気は安定な状態で存在しているのである．このことから，乾燥大気の安定性に対しては，気温ではなく，断熱の場合の保存量である温位を用いて理解する方が容易であることがわかる．このことを，1 万 m 以上の高度を飛行している飛行機の客室内の温度を例に説明する．図 2.5 を用いると，その高度（気圧で 100～200 hPa）での気温は約 200 K（−70℃），温位は約 360 K である．飛行機の客室内は与圧して 800 hPa 程度の気圧になっている．外気を取り込むと，温位が保存することから式 (2.18) により，気温は約 340 K（60℃）になる．このため，暖めるのではなく，取り込んだ空気を冷やす必要が生ずることになる．

3 湿潤大気の対流－相当温位の導入－

　地球大気には，水や氷に相変化（phase change）する水蒸気（moisture, water vapor）が存在する．そのために，水蒸気が関与しない乾燥対流以外にも湿潤対流（雲の発生による水蒸気の相変化が重要な対流）が存在し，この2つの対流が大気中に共存する．積乱雲（cumulonimbus）のモクモクと湧く様子がしばしばみられるが，これがまるで爆発しているようにみえるのは決して偶然ではない．そこで，「なぜ積乱雲はモクモクと湧くのだろうか？」という疑問に対して，この2つの対流を念頭において，地球大気の特性を理解するようにしたい．本章では簡単のために，水蒸気から雲への相変化のみを取り扱うことにする．実際には，積乱雲の発生・発達・減衰においては次章で述べる雲物理過程にともなう複雑な相変化が生じている．

　前章では，通常乾燥大気は中立または安定な状態にあり，絶対不安定な状態にないことを述べた．よって，そのような大気状態では（乾燥）対流は決して発生しない．それでは，どうして積乱雲が発生し，豪雨が引き起こされるのだろうか．乾燥大気では空気塊の内部エネルギーと位置エネルギーだけ，すなわち温位の鉛直プロファイルを考えればよかった．しかし，湿潤大気ではそれ以外に水蒸気がもつ潜熱エネルギーを含めて，大気の安定度を議論しなければならない．ただし，潜熱エネルギーは，水蒸気が凝結することで大気中に放出されるので，凝結することがなければ空気塊がアクセサリーのように単に所持しているものにすぎない．ここでは，乾燥大気の温位に代わる保存量である相当温位を用いて，湿潤大気の対流を説明する．

3.1 水蒸気量を表す物理量

水蒸気量を表す物理量として，露点温度 T_d (dew-point temperature, K)，相対湿度（RH: relative humidity, %），混合比 q_v (mixing ratio, kg kg^{-1}；数値が小さいので気象学では g kg^{-1} が用いられる場合もある）などが使われる．露点温度とは，気圧を一定にして温度を下げたときに飽和に達するときの温度である．相対湿度は大気がもつ水蒸気量とその大気の温度で含みうる最大の水蒸気量（飽和水蒸気量）との比である．露点温度が大気の温度に近いほど相対湿度は 100% に近くなる．混合比は水蒸気の密度 ρ_v と乾燥大気の密度 ρ_d との比であり，質量に置き換えると水蒸気の質量 m_v と乾燥大気の質量 m_d との比になる．凝結が起こらない限り，質量に変化が生じないので，混合比は大気中では保存する．ここでは水蒸気量として混合比を用いることにする．

混合比の定義を書くと，

$$q_v = \frac{m_v}{m_d} = \frac{\rho_v}{\rho_d} \tag{3.1}$$

である．地球大気が乾燥大気と水蒸気の混合気体からなるとすると，水蒸気の分圧 e を用いて，水蒸気の状態方程式は

$$e = R_v \rho_v T \tag{3.2}$$

と書くことができる．ここで，R_v は水蒸気の気体定数である．水の分子量 $M_v = 18.02$ kg kmol^{-1} であるので，式 (2.3) から $R_v = R^*/M_v = 461$ J K^{-1} kg^{-1} となる．また，水蒸気と乾燥大気の気体定数の比は M_v と乾燥大気の平均分子量 $M_d = 28.96$ kg kmol^{-1} の比で表され，

$$\frac{R_d}{R_v} = \frac{M_v}{M_d} \equiv \varepsilon = 0.622 \tag{3.3}$$

である．ここで定義した無次元量 ε の値は水蒸気に関する量として，本書ではこの後しばしば登場する．

一方，乾燥大気の状態方程式は，水蒸気の分圧を除いて，

$$p - e = R_d \rho_d T \tag{3.4}$$

と書くことができる．したがって，式 (3.1) で定義される混合比は式 (3.2)～(3.4) から

$$q_v = \frac{e}{p-e}\frac{R_d}{R_v} = \varepsilon\frac{e}{p-e} \tag{3.5}$$

となる．また，混合比以外にも，水蒸気量を表す保存量として比湿 r（specific humidity, kg kg^{-1}）が用いられる．比湿は ρ_v と湿潤大気の密度 ρ との比（質量に置き換えると m_v と湿潤大気の質量 $m = m_d + m_v$ との比）であり，式 (3.1), (3.5) から

$$r = \frac{m_v}{m_d + m_v} = \frac{1}{1+1/q_v} = \varepsilon\frac{e}{p-(1-\varepsilon)e} \tag{3.6}$$

となる．式 (3.5), (3.6) はともに分母にある水蒸気の分圧 e を無視したもの（$\varepsilon e/p$）で近似されることが多い．この場合，近似による誤差はそれぞれ最大で約 5%，2%になる．

3.2　クラウジウス–クラペイロンの式，キルヒホフの式－飽和水蒸気量

密閉した容器の中で，2つの異なる相，つまり，気体とその気体が液化したものあるいは気体とその気体が固化したもの，が平衡状態にあるとき，その気体は他相に対して飽和している．ここでは，水蒸気と水（液相）の場合を考える．このときの水の飽和水蒸気圧（saturation vapor pressure for water）を e_s で表すと，e_s は温度 T の関数として書くことができる．水から水蒸気に移るときの蒸発熱 L_v（latent heat of vaporization）を用いると，

$$\frac{de_s}{e_s} = \frac{L_v}{R_v T^2}dT = \frac{\varepsilon L_v}{R_d T^2}dT \tag{3.7}$$

という関係にある．この式をクラウジウス–クラペイロン（Clausius–Clapeyron）の式と呼ぶ．なお，式 (3.7) の導出にあたっては水の体積が水蒸気の体積より十分小さいので無視されている．また，L_v は温度の関数であり，水蒸気と水の定圧比熱（C_{pv} と C_w）を用いると，

$$\frac{dL_v}{dT} = C_{pv} - C_w \tag{3.8}$$

という関係にある．この関係式をキルヒホフ（Kirchhoff）の式と呼ぶ．L_v は温度 0℃で 2.50×10^6 J kg^{-1} であり，たとえば -50℃になると約 5% 大きく（2.63×10^6 J kg^{-1}）なる．また，C_{pv} は 1850 J kg^{-1} K^{-1}，C_w は 4218 J kg^{-1} K^{-1}（温度 0℃）である．式 (3.7) は L_v が温度の関数のために簡単には積分できない．その代わりに，テテン（Tetens）の式がよく用いられている．

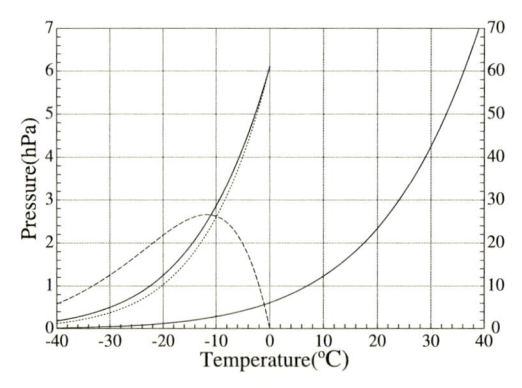

図 3.1 水の飽和水蒸気圧 e_s（実線）と氷の飽和水蒸気圧 e_i（点線），および 2 つの差 $(e_s - e_i) \times 10$（破線）の温度依存性（0℃以下，左縦軸）．e_s については縦軸のスケールを 10 分の 1（右縦軸）にして，0℃以上も含めて別途表示してある．

$$e_s(T) = e_{s0} \exp\left(\frac{17.27(T-T_0)}{T-35.86}\right) \tag{3.9}$$

ここで，T_0 は 273.15 K，e_{s0} は 6.11 hPa である．

式 (3.9) から求まる水の飽和水蒸気圧と温度との関係を図 3.1 に示す．式 (3.9) の 17.27 を 21.88，35.86 を 7.65 にすることで，氷の飽和水蒸気圧が求まる．飽和水蒸気圧は温度に対して増加関数であることがわかる．この関数は下に凸な曲線であり，これから温度が異なる飽和した 2 つの空気が混合すると，混合後の水蒸気圧は混合後の温度における飽和水蒸気圧より高くなる，つまり，過飽和の状態となる．また，0℃以下では e_s と氷の飽和水蒸気圧 e_i が別々に定義され，氷から水蒸気に移るときの昇華熱 L_s が L_v よりも大きいので，常に $e_s > e_i$ という関係にある．

水蒸気の飽和混合比（saturated mixing ratio）の定義は，式 (3.5) から

$$q_{vs} = \varepsilon \frac{e_s}{p - e_s} \tag{3.10}$$

で表現できる．ここで，式 (3.10) の微分量を計算すると

$$\frac{dq_{vs}}{q_{vs}} = \frac{L_v(\varepsilon + q_{vs})}{R_d T^2} dT - \frac{dp}{p - e_s} \tag{3.11}$$

になる．等圧の条件 ($dp = 0$) で，$L_v/R_d T^2 \approx 0.1$ および $\varepsilon + q_{vs} \approx \varepsilon$ を式 (3.11) に代入し，積分すると

$$\frac{q_{vs}+\Delta q_{vs}}{q_{vs}} \approx \exp{(0.0622\Delta T)} \tag{3.12}$$

という関係が得られる．温度が約 10 K 上昇した場合，$\exp{(0.622)} = 1.86$ であることから q_{vs} は約 2 倍になることがわかる．このために冬よりも夏の方が大気中に含まれうる水蒸気量は数倍多くなる．たとえば，1000 hPa において，q_{vs} は温度 0℃では 3.84×10^{-3} kg kg^{-1}，10℃では 7.76×10^{-3} kg kg^{-1}，20℃では 14.95×10^{-3} kg kg^{-1} である．

3.3　湿潤大気における断熱過程－湿潤断熱減率

前章では乾燥空気における乾燥断熱減率を求めたが，ここでは湿潤過程における湿潤断熱減率（moist adiabatic lapse rate）を導出する．乾燥空気，水蒸気および凝結した水（その混合比を l とする）が共存する飽和湿潤空気が断熱的に上昇することによって水蒸気が凝結し，ある状態 (p, T) から $(p+dp, T+dT)$ へ変化する過程を考える．熱力学第 1 法則を適用すると，

$$-L_v dq_{vs} = (C_{pd}+q_{vs}C_{pv}+lC_w)dT - R_d T \frac{d(p-e_s)}{p-e_s} - q_{vs}R_v T \frac{de_s}{e_s} \tag{3.13}$$

という関係が得られる．式 (3.13) を具体的に説明すると，左辺は水蒸気の凝結にともなう潜熱エネルギーの解放によるエネルギーの増加量を表し，$dq_{vs} < 0$ なので左辺 > 0 になる．右辺第 1 項は乾燥大気，水蒸気と凝結した水の温度変化，第 2, 3 項は乾燥大気と水蒸気の圧力変化にともなうエネルギーの変化量を表す．式 (3.7), (3.10), (3.11) を式 (3.13) に代入すると，

$$\frac{dT}{dp} = \frac{\frac{R_d T}{p-e_s}\left(1+\frac{L_v q_{vs}}{R_d T}\right)}{C_{pd}+q_{vs}C_{pv}+lC_w+\frac{L_v^2 q_{vs}(\varepsilon+q_{vs})}{R_d T^2}} \tag{3.14}$$

となり，気圧に対する温度変化率が求まる．

湿潤大気での静水圧の式は，(2.7) の状態方程式 $p = \rho RT$（ρ と R は湿潤大気の密度と気体定数）を用いて，

$$\frac{dp}{dz} = -\rho g = -\frac{p}{RT}g \tag{3.15}$$

となる．また，湿潤大気の平均分子量を M とすると，式 (2.6), (3.1) から

$$M = \frac{m_d+m_v}{m_d/M_d+m_v/M_v} = \frac{m_d+m_d q_{vs}}{m_d/M_d+m_d q_{vs}/M_v} = \frac{1+q_{vs}}{1+q_{vs}/\varepsilon}M_d$$

となり，湿潤大気の気体定数 R と乾燥大気の気体定数 R_d は，式 (2.3) から

$$\frac{R_d}{R} = \frac{M}{M_d} = \frac{1+q_{vs}}{1+q_{vs}/\varepsilon} \approx 1 + \left(1 - \frac{1}{\varepsilon}\right) q_{vs} = 1 - 0.61 q_{vs} \tag{3.16}$$

という関係にある．式 (3.14)～(3.16) から湿潤断熱減率 $\Gamma_m \equiv -dT/dz$ を求めると，

$$\Gamma_m = \frac{g}{C_{pd}} \frac{1 + \left(\frac{L_v}{RT} - 0.61\right) q_{vs}}{\left(1 + \frac{q_{vs} C_{pv} + l C_w}{C_{pd}}\right)\left(1 - \frac{q_{vs}}{\varepsilon + q_{vs}}\right) + \frac{\varepsilon L_v^2 q_{vs}}{C_{pd} R_d T^2}} \tag{3.17}$$

が得られる．

ここで，凝結後の水が系外に放出されるという仮定 ($l=0$：偽断熱過程) を考える．以降，偽断熱過程での式 (3.17) を厳密解と呼ぶことにする．式 (3.17) の分母の q_{vs}^2 は小さいから無視し，さらに式 (3.16) を用いると

$$\Gamma_m \approx \frac{g}{C_{pd}} \frac{1 + \left(\frac{L_v}{R_d T}(1 - 0.61 q_{vs}) - 0.61\right) q_{vs}}{1 + \left(\frac{C_{pv}}{C_{pd}} - \frac{1}{\varepsilon + q_{vs}}\right) q_{vs} + \frac{\varepsilon L_v^2 q_{vs}}{C_{pd} R_d T^2}}$$

となる．さらに，分母の第 2 項は 1 に比べて十分小さく，分子の括弧内については $L_v/R_d T > 25$ ($T < 353$ K) かつ $q_{vs} \ll 1$ であるので

$$\Gamma_m \approx \frac{g}{C_{pd}} \frac{1 + \frac{L_v q_{vs}}{R_d T}}{1 + \frac{\varepsilon L_v^2 q_{vs}}{C_{pd} R_d T^2}} \tag{3.18}$$

と近似することができる．この近似解 (3.18) が湿潤断熱減率の計算によく用いられる．湿潤断熱減率の厳密解 (3.17，ただし $l=0$) および近似解 (3.18) などを用いて描画した湿潤断熱線 (moist adiabat) と式 (3.17) との誤差を図 3.2 に示す．なお，すべての解における水の飽和水蒸気圧の計算にはテテンの式 (3.9) を用いている．厳密解の描画においては，式 (3.8) を用いて，L_v を変化させ，C_w の温度依存性も考慮している．ただし，C_w の温度依存性の影響はきわめて小さい．$L_v = 2.5 \times 10^6$ J kg^{-1} と一定にした近似解 (3.18) を用いて描画させた湿潤断熱線 (図 3.2 の淡く太い実線) を厳密解 (3.17) によるもの (細い実線) と比べると，気温が高くなるほど誤差は大きくなるが，1000 hPa で温度が 300 K の空気塊を持ち上げたときでも 0.3 K 以下の誤差しか生じない．

3.4 飽和相当温位の導出

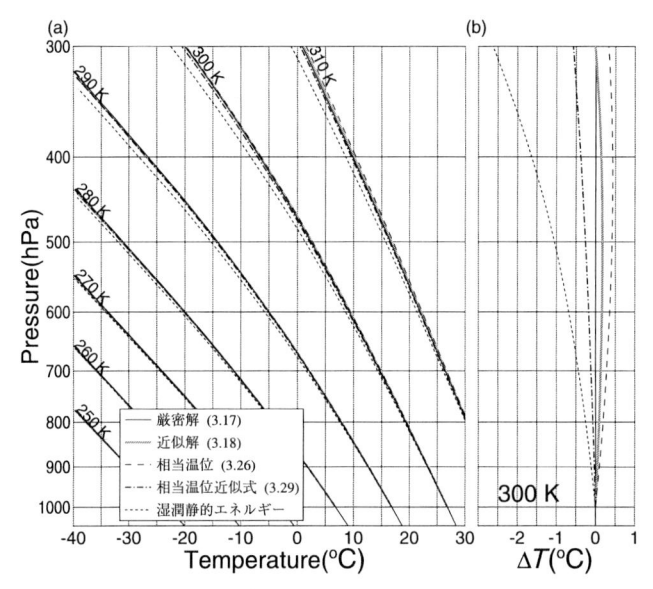

図 3.2 (a) 1000 hPa を基準とした偽断熱過程における湿潤断熱線．実線：厳密解 (3.17)，淡く太い実線：$L_v = 2.5 \times 10^6$ J kg^{-1} と一定にしたときの近似解 (3.18)，破線：L_v を一定としたときの飽和相当温位から求めたもの (3.26)，点線：L_v を一定としたときの近似式を用いた飽和相当温位から求めたもの (3.29)，一点鎖線：飽和湿潤静的エネルギーから求めたもの．湿潤断熱線上の数値は 1000 hPa での気温 (K) である．(b) 1000 hPa で温度 300 K の空気塊を持ち上げたときにおける厳密解との差．線種は (a) と同じ．水の飽和水蒸気圧の計算にはテテンの実験式を用いている．

3.4 飽和相当温位の導出

次に，式 (3.13) を満たす，すなわち湿潤断熱過程における保存量を求める．式 (3.8) から，

$$d\left(\frac{L_v q_{vs}}{T}\right) = \frac{L_v dq_{vs}}{T} + \frac{q_{vs}(C_{pv} - C_w)dT}{T} - \frac{L_v q_{vs} dT}{T^2}$$

という関係式が得られ，これを式 (3.13) に代入すると，

$$(C_{pd} + (q_{vs} + l)C_w)\frac{dT}{T} - R_d \frac{d(p - e_s)}{p - e_s} + d\left(\frac{L_v q_{vs}}{T}\right) = 0 \quad (3.19)$$

が得られる．ここで，偽断熱過程 ($l = 0$) を考え，

$$C_{pd} \gg q_{vs}C_w \implies C_{pd} + q_{vs}C_w \approx C_{pd} \tag{3.20}$$

という近似を用いる．参考までに，無視される $q_{vs}C_w$ は C_{pd} に対して最大10%程度になることがある．式 (3.19) に式 (3.20) の近似を用いると，

$$\frac{dT}{T} - \frac{R_d}{C_{pd}} \frac{d(p-e_s)}{p-e_s} + d\left(\frac{L_v q_{vs}}{C_{pd}T}\right) = 0 \tag{3.21}$$

となり，式 (3.21) を積分すると飽和相当温位 (saturated equivalent potential temperature, K)

$$\theta_e^* = T \left(\frac{p_0}{p-e}\right)^{R_d/C_{pd}} \exp\left(\frac{L_v q_{vs}}{C_{pd}T}\right) \equiv \theta_d \exp\left(\frac{L_v q_{vs}}{C_{pd}T}\right) \tag{3.22}$$

が得られる．ここで，θ_d は乾燥温位 (dry potential temperature, K) である．

飽和状態にない大気については，断熱的に上昇して（乾燥断熱線に沿って）凝結する高度まで θ_d および q_v が保存される．この高度を持ち上げ凝結高度 (LCL: lifting condensation level) と呼ぶ．したがって，飽和状態にない大気についても

$$\theta_e = \theta_d \exp\left(\frac{L_v q_v}{C_{pd}T_{LCL}}\right) = T\left(\frac{p_0}{p_{LCL}-e_{sLCL}}\right)^{R_d/C_{pd}} \exp\left(\frac{L_v(T_{LCL})q_v}{C_{pd}T_{LCL}}\right) \tag{3.23}$$

を保存量として定義できる．ここで，T_{LCL}, P_{LCL} と e_{sLCL} は LCL における気温，気圧と水の飽和蒸気圧であり，$L_v(T_{LCL})$ は温度 T_{LCL} における L_v である．また，q_v は LCL における q_{vs} と一致する．式 (3.23) で定義されるものを相当温位 (equivalent potential temperature, K) と呼び，乾燥断熱過程でも湿潤断熱過程でも保存される．なぜなら，乾燥断熱過程では $\exp(L_v(T_{LCL})q_v/C_{pd}T_{LCL})$ は定数となり，湿潤断熱過程では式 (3.23) は式 (3.22) と一致するからである．

3.5　相当温位の保存性

飽和相当温位の定義では，式 (3.20) の近似が用いられ，$q_{vs}C_w$ が無視されている．したがって，飽和相当温位は厳密には保存量ではない．しかし，通常は式 (3.22), (3.23) を保存量として取り扱っても問題ない．ここでは，このことを具体的に示す．

飽和相当温位の定義 (3.22) から飽和相当温位が保存すると仮定し，式 (3.7), (3.8), (3.10), (3.11), (3.15), (3.16) を用いて温度減率を求めると以下のようになる．

$$-\frac{dT}{dz} = \frac{g}{C_{pd}} \frac{1+\left(\frac{L_v}{RT}-0.61\right)q_{vs}}{\left(1+\frac{q_{vs}(C_{pv}-C_w)}{C_{pd}}\right)\left(1-\frac{q_{vs}}{\varepsilon+q_{vs}}\right)+\frac{\varepsilon L_v^2 q_{vs}}{C_{pd}R_d T^2}} \quad (3.24)$$

偽断熱過程 ($l=0$) において，湿潤断熱減率 (3.17) と式 (3.24) の違いは，式 (3.20) の近似から生じた $-q_{vs}C_w/C_{pd}$ が式 (3.24) の分母に含まれている点である．この項の値は気温が高くなると大きくなるが，分母に占める割合は最大でも 3% 程度である．

式 (3.22), (3.23) における L_v は一定 ($= 2.5\times 10^6$ J kg^{-1}) として通常取り扱われる．この場合，式 (3.8) の右辺が 0 になるので，式 (3.20) の近似は

$$C_{pd} \gg q_{vs}C_{pv} \implies C_{pd}+q_{vs}C_{pv} \approx C_{pd} \quad (3.25)$$

となる．式 (3.20) と式 (3.25) を比べると，C_{pv} ($= 1850$ J K^{-1} kg^{-1}) が C_w ($= 4218$ J K^{-1} kg^{-1}) の半分以下なので，式 (3.25) の近似による誤差も式 (3.20) によるものの半分以下になる．また，式 (3.22) から導かれる温度減率は L_v を一定とすることにより

$$-\frac{dT}{dz} = \frac{g}{C_{pd}} \frac{1+\left(\frac{L_v}{RT}-0.61\right)q_{vs}}{1-\frac{q_{vs}}{\varepsilon+q_{vs}}+\frac{\varepsilon L_v^2 q_{vs}}{C_{pd}R_d T^2}} \quad (3.26)$$

になる．実際に，式 (3.26) を用いて描画させた湿潤断熱線を厳密解 (3.17) によるものと比較すると，気温が高くなるほど誤差は大きくなるが，1000 hPa で温度が 300 K の空気塊を持ち上げたときでも 0.4 K 以下の誤差しか生じない (図 3.2 の破線)．

また飽和相当温位の計算には，水蒸気の分圧 e が大気圧 p に対して小さいので無視して，その近似式

$$\theta_e^* \approx T\left(\frac{p_0}{p}\right)^{R_d/C_{pd}} \exp\left(\frac{L_v q_{vs}}{C_{pd}T}\right) \equiv \theta \exp\left(\frac{L_v q_{vs}}{C_{pd}T}\right) \quad (3.27)$$

を用いることが多い．ここで，定義された θ は乾燥大気で定義される温位である．また，そのときに用いる飽和混合比も

$$q_{vs} \approx \varepsilon \frac{e_s}{p} \quad (3.28)$$

と近似して用いられることが多い．簡単のために L_v が一定とし，式 (3.28) を用いて式 (3.24) と同様に，式 (3.27) から気温減率を求めると以下のようになる．

$$-\frac{dT}{dz} = \frac{g}{C_{pd}} \frac{1+\left(\frac{L_v}{RT}-0.61\right)q_{vs}}{1-\frac{L_v q_{vs}}{C_{pd}T}+\frac{\varepsilon L_v^2 q_{vs}}{C_{pd}R_d T^2}} \tag{3.29}$$

湿潤断熱減率 (3.17) との主な違いは式 (3.29) の分母にある $L_v q_{vs}/C_{pd}T$ である．この項は気温が高くなれば大きくなり，分母に占める割合は最大で 8% を超えて無視できなくなる．実際に，式 (3.29) を用いて描画させた湿潤断熱線（図 3.2b の点線）と厳密解 (3.17) との誤差は，1000 hPa で温度が 300 K の空気塊を持ち上げたときには 2.5 K 以上になる．したがって，飽和相当温位を式 (3.27) のように近似するべきではなく，相当温位を計算するときは式 (3.23) を用いるべきである．

相当温位をより精度よく計算したければ，ボルトン（Bolton）の式（Bolton, 1980）を用いればよい．ボルトンの式は偽断熱過程（$l=0$）において式 (3.20) の近似を用いないで，かつ式 (3.19) を直接積分せずに相当温位を求めたもので，

$$\theta_e = T\left(\frac{p_0}{p-e_{sLCL}}\right)^{R_d/C_{pd}} \exp\left(\left(\frac{3036.0}{T_{LCL}}-1.78\right)q_v(1+0.448q_v)\right) \tag{3.30}$$

と記述される．式 (3.30) の精度は非常に高く，厳密解 (3.17) による湿潤断熱線と比べて，式 (3.30) をもとに式 (3.24) と同様に気温減率を求めた湿潤断熱線の誤差は 0.1 K 以下である．

湿潤大気の保存量として，相当温位とは別に飽和湿潤静的エネルギー（saturated moist static energy）が用いられる．飽和湿潤静的エネルギーは空気塊の内部エネルギー，位置エネルギー，潜熱エネルギーから以下のように定義される．

$$h_s \equiv C_{pd}T + gz + L_v q_{vs} \tag{3.31}$$

式 (3.24) と同様に，式 (3.31) をもとに気温減率を求めて描画させた湿潤断熱線と厳密解 (3.17) によるものとを比べると，1000 hPa で温度 300 K の空気塊を持ち上げたときに誤差は 0.6 K 程度となる（図 3.2b の一点鎖線）．この誤差は相当温位 (3.26) によるものと比べるとやや大きいが，式 (3.22), (3.23) で計算する相当温位同様に，飽和湿潤静的エネルギーもほぼ保存量であると考えてよい．ここで注意したいことは，乾燥大気で成立する式 (2.19) のように湿潤断熱過程では温位が保存しないので，式 (3.31) の右辺第 1 項の空気塊の内部エネルギーと第 2 項の位置エネルギーを $C_{pv}\theta$ に置き換えることができない点である．したがって，飽和湿潤静的エネルギーを求めるためには温度と気圧以外に必ず高度の情報が必要になり，静水圧平衡の式 (2.15) で積み上げる必要が出てくる．このことを考える

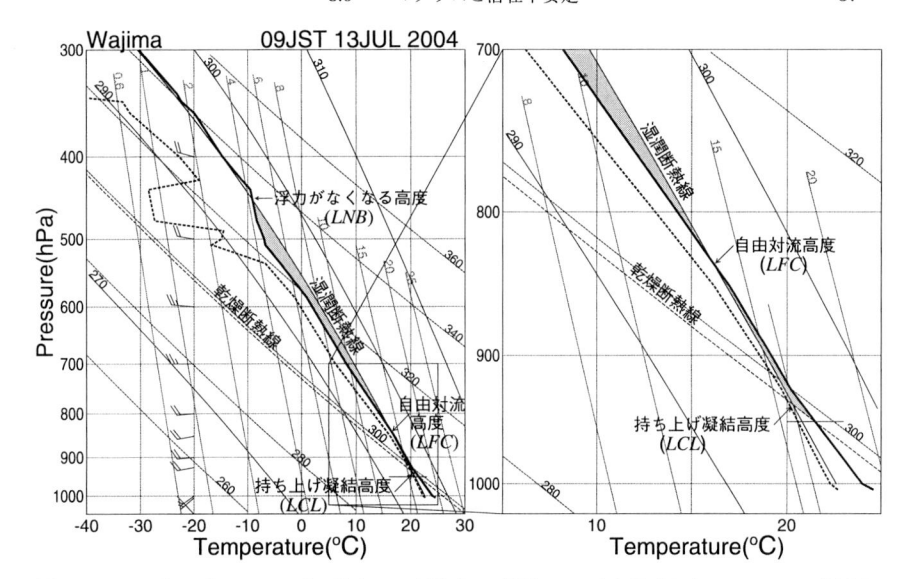

図 3.3 2004年7月13日9時の輪島での高層ゾンデ観測データから作成したエマグラム．右図は，700 hPa 高度以下の拡大図．太い実線が気温，破線が露点温度．持ち上げ凝結高度，自由対流高度，浮力がなくなる高度は 950 hPa に存在する空気塊を持ち上げたときのもの．950 hPa から自由対流高度までの気温のプロファイル，乾燥断熱線，湿潤断熱線で囲まれた面積で表現されるエネルギーは CIN（対流抑制），自由対流高度から浮力がなくなる高度までの気温のプロファイルと湿潤断熱線で囲まれた面積で表現されるエネルギーは $CAPE$（対流有効位置エネルギー）と呼ばれる．

と，飽和湿潤静的エネルギーより相当温位を用いる方が議論は容易である．

3.6 エマグラムと潜在不安定

大気の成層状態を調べるために，高層ゾンデ観測から得られた気温，露点温度，気圧から作成したエマグラム（energy per unit mass diagram）がよく用いられる．このエマグラムでは，縦軸に $\ln(p_0/p)$（$p_0 = 1000\,\text{hPa}$），横軸に温度 T をとり，その図上では閉じた線の囲む面積が同じなら同じエネルギーになる（浅井ほか，1981 など参照）．エマグラムの例として，2004年7月新潟・福島豪雨が起こったときの風上にあたる輪島での高層観測データから作成したものを図 3.3 に示す．また，図 3.3 には等混合比線（0.6〜25 の数値で示されている淡い曲線），乾燥断熱線（点線），湿潤断熱線（細い実線からなる曲線）の情報も付加されている．

図 3.3 を用いて，950 hPa に存在する空気塊を例として，その空気塊の持ち上げ凝結高度（LCL），自由対流高度（LFC: level of free convection），浮力がなくな

る高度（LNB: level of neutral buoyancy）について説明する．950 hPa に存在する空気塊を乾燥断熱減率 (2.16) で（乾燥断熱線に沿って）上昇させて，ある高度に達すると空気塊の相対湿度が 100% になって凝結する．この高度が LCL である．その後，凝結により潜熱を放出させながら，湿潤断熱減率 (3.17) で（湿潤断熱線に沿って）空気塊を上昇させたとき，気温のプロファイルと交差する場合がある．この高度を LFC と呼び，その上空では強制的に持ち上げなくても，空気塊は自ら浮力を得ることになる．LFC より上空に湿潤断熱線に沿って空気塊が上昇すると，気温のプロファイルと再度交差する．この高度を LNB と呼ぶ．ここで，注意しなければならないことは LFC と LNB が必ず存在するわけではないということである．持ち上げる空気塊の温度が低かったり非常に乾燥していたりすると，LFC と LNB は存在しない．

空気塊が自ら浮力を得るためには，空気塊を LFC まで強制的に持ち上げる必要がある．そのために必要なエネルギーは，図 3.3 左図の LFC より下の網の部分（気温のプロファイル，乾燥断熱線，湿潤断熱線で囲まれた部分）の面積に対応する．そのエネルギーは CIN（対流抑制，convective inhibition）と呼ばれ，

$$CIN \equiv -g \int_{z_0}^{LFC} \frac{T'-T}{T} dz = -g \int_{z_0}^{LFC} \frac{\theta'-\theta}{\theta} dz \qquad (3.32)$$

で定義される．ここで，z_0 は空気塊を持ち上げ始める高度であり，T' と θ' は持ち上げた空気塊の温度と温位，T と θ は観測されたプロファイル上の温度と温位である．また，空気塊は LFC より上空では自ら浮力を得ることができ，その浮力により得られるエネルギーは図 3.3 の LFC より上空の網の部分（気温のプロファイルと湿潤断熱線で囲まれた部分）の面積に対応する．そのエネルギーは $CAPE$（対流有効位置エネルギー，convective available potential energy）と呼ばれ，

$$CAPE \equiv g \int_{LFC}^{LNB} \frac{T'-T}{T} dz = g \int_{LFC}^{LNB} \frac{\theta'-\theta}{\theta} dz \qquad (3.33)$$

で定義される[*]．

[*] 厳密にいえば，CIN, $CAPE$ は温度や温位ではなく，水蒸気の影響も加味した仮温度（virtual temperature）：$T_v = (1+0.61r)T$，仮温位（virtual potential temperature）：$\theta_v = (1+0.61r)\theta$ を用いて見積もる．

LFC まで強制的に持ち上げなければ，空気塊は自ら浮力を得ることができない．このように外力が加わって初めて，運動が引き起こされる状態（不安定が顕在化される状態）を潜在不安定（latent instability）と呼ぶ．すなわち，LFC が

存在して $CAPE$ が正値であれば，大気は潜在不安定な状態にある．潜在不安定な状態が即座に解消されないので，このような大気の状態は乾燥大気の絶対不安定と区別して，条件付き不安定（conditional instability）とも呼ばれる．

通常，CIN が小さくて $CAPE$ が大きいときに，対流活動は活発になる．ただし，梅雨期については，梅雨前線帯が対流活動によりすでに中立な（湿潤断熱線に沿った）成層状態に近いために $CAPE$ の値は小さい．図 3.3 から見積もることができる $CAPE$ の値は 400 J kg^{-1} 程度である．アメリカ中西部で発生するスーパーセル（寿命が長い積乱雲の一種，4.1 節参照）の場合，$CAPE$ は 2000〜3000 J kg^{-1} である．その値と比べると梅雨期の $CAPE$ は数分の 1 程度でしかない．しかしながら，2004 年 7 月新潟・福島豪雨のように，$CAPE$ が 400 J kg^{-1} 程度であっても 3 時間降水量で 100 mm を超える集中豪雨が引き起こされる場合がある．また，中上層の乾燥気塊の流入が重要な場合もあり，つぎに述べる対流不安定で湿潤大気の不安定度を議論する必要がある．

潜在不安定を表す指数として，ショワルターの安定指数（SSI: Showalter's stability index）がよく用いられている．この指数は，500 hPa の気温と 850 hPa の空気塊を 500 hPa まで持ち上げたときの温度との差で，負値になれば大気は潜在不安定な状態ということになる．

3.7 対流不安定

図 3.3 のケースについて，縦軸を $\Pi \equiv (p/p_0)^{R_d/C_{pd}}$，横軸を温位 θ としたときのエマグラムを図 3.4 に示す．図 3.3 と同様に，図 3.4 上でも閉じた線の囲む面積が同じなら同じエネルギーになる．また，図 3.4 には水蒸気の混合比 q_v，相当温位 θ_e，飽和相当温位 θ_e^*，等混合比線（0.1〜25 の数値で示されている淡い曲線），湿潤断熱線（点線）の情報も付加されている．この図では，温位や相当温位が保存されることを利用して，持ち上げ凝結高度（LCL），自由対流高度（LFC），浮力がなくなる高度（LNB）を容易にみつけることができる．LCL は温位が一定という条件で凝結する高度としてみつけることができる．すなわち，持ち上げる空気塊の等温位線（図 3.4 では y 軸に平行な 299 K に対応する直線）と水蒸気の等混合比線（図 3.4 では 16 g kg^{-1} に対応する細い実線）とが交差する高度が LCL である．相当温位が乾燥大気でも湿潤大気でも保存されることから，LFC と LNB は等相当温位線（y 軸に平行）と飽和相当温位のプロファイルとが交差する高度として容易にみつけることができる．交差しなければ，LFC や LNB は

存在しないことになる.

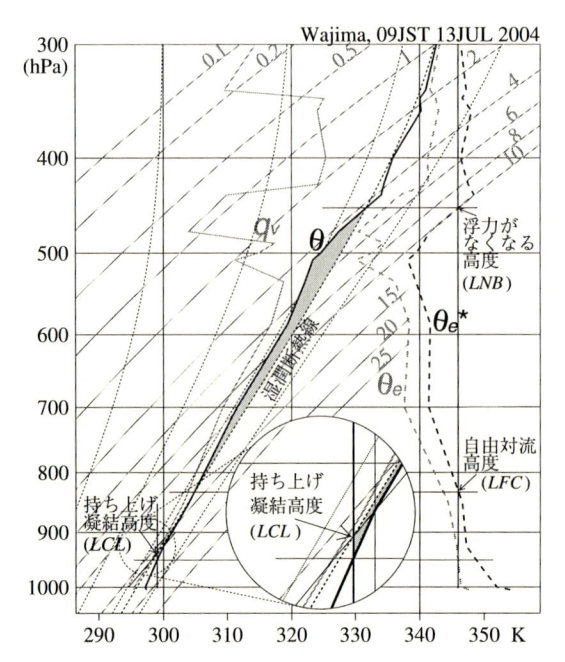

図 3.4 図 3.3 と同じ. ただし, 縦軸に $\Pi \equiv (p/p_0)^{R_d/C_{pd}}$, 横軸に温位 θ としたときのエマグラム. 濃い実線が θ, 淡い実線が水蒸気の混合比 q_v, 淡い破線が相当温位 θ_e, 濃い破線が飽和相当温位 θ_e^*.

このように LFC や LNB が容易にみつけることができる理由を説明する. 飽和相当温位がその定義 (3.22) から温度と圧力のみの関数なので, 反対に温度は飽和相当温位と圧力から計算できる. すなわち, 温度 T は関数 F を用いて,

$$T = F(\theta_e^*, p) \tag{3.34}$$

で表すことができる.

等相当温位線（図 3.4 では y 軸に平行な 346K に対応する直線）と飽和相当温位（図 3.4 では太くて濃い破線）のプロファイルとが交差する点では, 持ち上げた空気塊の相当温位を θ_{eo} とすると, $\theta_{eo} = \theta_e^*$ であり, 当然ながら圧力 p も同じである. また, 持ち上げた空気塊が LFC に達するときはすでに飽和しているので, その空気塊の温度 T も式 (3.34) から求めることができる. その温度は, $\theta_{eo} = \theta_e^*$

3.7 対流不安定

かつ p が同じならば温度のプロファイル上の温度とも一致する.以上から,等相当温位線と飽和相当温位のプロファイルとが交差する高度が LFC または LNB になる.

LFC が存在すれば,潜在不安定な成層状態であることを前節で示した.このような成層状態は相当温位と飽和相当温位のプロファイルから,以下の場合が存在するか否かによって容易にみつけることができる.

$$\theta_{eo} > \theta_e^* \tag{3.35}$$

ここで,θ_{eo} は持ち上げた空気塊の相当温位である.その一方,温度を用いたエマグラム(図 3.3)からは,大気が潜在不安定な状態にあるか否かは簡単には判断できない.また,$CAPE$ は式 (3.33) より LFC および LNB に依存し,それぞれの高度は空気塊を持ち上げ始める高度,すなわちその高度での空気塊の相当温位で決まる.このことから,最大の $CAPE$ は下層で相当温位が最大となる高度の空気塊を持ち上げることで計算できる.また,温位を用いたエマグラム(たとえば,図 3.4)から $CAPE$ を計算するためには,持ち上げた空気塊の相当温位から湿潤断熱線上の温位を計算する必要がある.その方法については付録 A-3 に示す.

潜在不安定では,下層の空気塊を持ち上げたときの空気塊のもつ温度と上空の気温とを比較することで湿潤大気の不安定度が決まる.それ以外に,相当温位のプロファイルから湿潤大気の不安定度を議論することができる.相当温位が上空ほど小さい場合,すなわち,

$$\frac{d\theta_e}{dz} < 0 \tag{3.36}$$

であるとき,そのような成層状態を対流不安定(convective instability)と呼ぶ.式 (3.35) で示したように,潜在不安定では下層から持ち上げる空気塊と比較する上層の大気が飽和している条件を大前提にしているが,対流不安定では不安定を決める上層の大気の水蒸気量が考慮されている.すなわち,上層の大気が乾いていると相当温位が低くなる分,対流不安定度は大きくなる.本書では,潜在不安定と対流不安定を明確に区別[*]して議論する.

---

[*] 一部の教科書では潜在不安定と対流不安定を混同もしくは同等のものとして取り扱っているが,本節で説明したように湿潤大気の不安定を評価するうえでそれぞれは異なる概念である.また,対流不安定は空気塊ではなく,ある厚みをもつ気層を持ち上げた場合に用いられてきた概念である.しかし,本書では上空の大気の乾燥度をみる判断材料として用いることにする(詳しくは 8.2 節参照).

通常，地球大気の下層では日射により地表面が暖められて温度が高くなり，海面などからは大量の水蒸気が供給され，湿潤大気として不安定な状態がつくられ続けている．このような不安定を解消するために，前節で議論した CIN に相当するエネルギーを使って，下層の空気塊を LFC まで持ち上げてやる必要がある．このエネルギーをつくり出せるのは，大規模場や山岳にともなう上昇流などである．また，日射による大気境界層（atmospheric boundary layer）の発達により CIN は小さくなる．

梅雨期の梅雨前線付近とその南の太平洋高気圧圏内における温度や水蒸気の鉛直分布を比べてみると，一般に湿潤大気として太平洋高気圧圏内の方が不安定な（$CAPE$ が大きい）状態にある．しかし，そこで積乱雲の発生が少ないのは，太平洋高気圧にともなう大規模な下降流域になっていて，CIN に相当するエネルギーを克服するだけの外力が存在していないためである．すなわち，湿潤大気における不安定成層は積乱雲の発生の必要条件であるが，十分条件ではないのである．

湿潤大気における不安定な成層によって，地球大気は水蒸気を介して不安定の溜（ため）をつくることができる．積乱雲がモクモクと湧き上がる様子が爆発現象に似ているのは，まさに蓄積された水蒸気の潜熱エネルギーを解放する現象だからである．また，2004年7月新潟・福島豪雨が起こったときの風上にあたる輪島での大気状態（図3.4）から不安定度を詳しくみると，$CAPE$（潜在不安定）は小さいものの，対流不安定度は非常に強いことがわかる．このことは，豪雨の発生・維持を議論するには潜在不安定だけでは十分ではなく，対流不安定もあわせて議論する必要があることを意味している．この議論については8.2節で述べる．

3.8 積乱雲の潜在的発達高度

豪雨・豪雪がもたらされるには積乱雲が発達する，すなわち高い高度まで成長することが必要である．そのような場合，暖候期では積乱雲は圏界面まで達し，かなとこ雲をともなうことになる．それでは，積乱雲の発達高度はどのようにして決まるのだろうか．ここでは，積乱雲の潜在的発達高度を考えてみる．その高度は，下層の空気塊を乾燥断熱線に沿って持ち上げ凝結高度まで持ち上げ，その後湿潤断熱線に沿って持ち上げたときにおける浮力のなくなる高度（LNB）によって，おおよそ見積もることができる．また，3.6, 3.7節で述べたように，LNB の存在には自由対流高度（LFC）の存在が必要である．図3.4で示したように，温位エマグラム（相当温位と飽和相当温位）で考えると，LNB は持ち上げる空気塊

3.8 積乱雲の潜在的発達高度

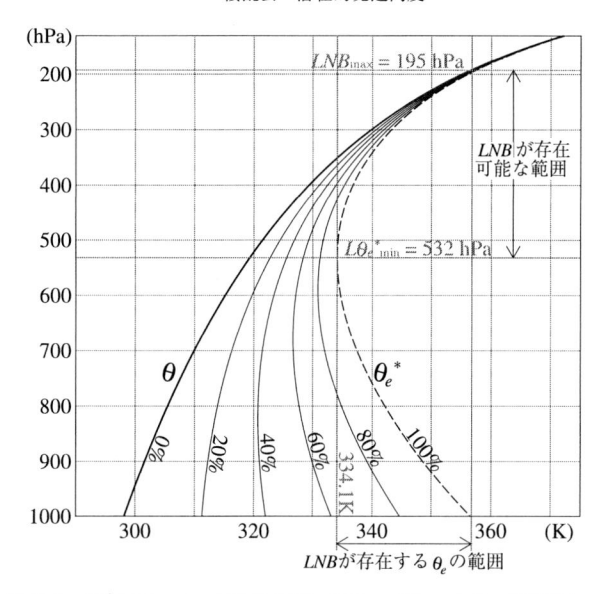

図 3.5 1000 hPa での気温が 25℃（298.16 K）のとき，気温減率 6 K km^{-1} の場合の温位（太い実線）と飽和相当温位（破線）の鉛直プロファイル．細い実線で相対湿度（20, 40, 60, 80%）の場合の相当温位の鉛直プロファイルを示す（Kato et al., 2007）．

の相当温位 θ_e と飽和相当温位 θ_e^* の鉛直プロファイルの上層に存在する交点としてみつけることができる．ただし，浮力がなくなっても即座に上昇流はなくならないので，実際の積乱雲の発達高度は LNB より高くなる．

まず，1000 hPa での気温が 25℃（298.16 K）のとき，気温減率 $\Gamma = 6$ K km^{-1} の場合の温位 θ と θ_e^* の鉛直プロファイル（図 3.5）について詳細にみてみる．この Γ が乾燥断熱減率（9.8 K km^{-1}）より小さいので，乾燥大気では成層状態は安定，すなわち θ（図 3.5 の太い実線）は上空ほど大きな値になる．その一方，空気塊がもちうる最大のエネルギーを θ_e^*（図 3.5 の破線）で評価すると，θ_e^* は 532 hPa で最小値をとり，その値は 334.1 K である．このように中層に θ_e^* の最小値が存在するのは，湿潤大気では気温の高い下層で大量の潜熱エネルギーをもつことができる一方，θ で表現される乾燥大気のエネルギー（内部エネルギー＋位置エネルギー）が上空ほど大きな値をとるためである．

ここで，1000 hPa から空気塊を持ち上げる場合において，その空気塊の θ_e から LNB の存在する気圧レベル（高度）を考えてみる．空気塊の θ_e が 334.1 K 未満なら θ_e^* の鉛直プロファイルと交差しないので，LNB や LFC は存在しない．

すなわち，1000 hPa の空気塊の相対湿度が 62%（θ_e が 334.1 K）未満の場合，積乱雲は発生しない．逆に，相対湿度がそれより高いと LNB が存在し，積乱雲は発生しうる．その高度は 532 hPa より上空になり，空気塊が飽和している状態（最大の $\theta_e = \theta_e^*$ をとるとき）の LNB（$LNB_{\max}$）は 195 hPa になる．以上から，LNB の存在とその気圧レベル（高度）はそれぞれ θ_e^* の鉛直プロファイルにおける最小値とその最小値が存在する気圧レベル $L\theta_{e\,\min}^*$ に依存していることがわかる．また，LNB は $L\theta_{e\,\min}^*$ と $LNB_{\max}$ の 2 つの気圧レベルの間に存在することになる．

つぎに，$L\theta_{e\,\min}^*$ および $LNB_{\max}$ と大気の安定度（Γ）との関係についてみてみる．図 3.6a に，1000 hPa での気温が 25℃（298.16 K）のとき，$\Gamma = 4, 5, 6, 7, 8, 9$ K km^{-1} の場合の θ_e^* の鉛直プロファイルを示す．$L\theta_{e\,\min}^*$（図 3.6a の × 印）および $LNB_{\max}$（図 3.6a の ○ 印）は Γ が小さく（大気の安定度が高く）なるほど低くなる．すなわち，大気の安定度が高いほど LNB の存在高度は低くなる．

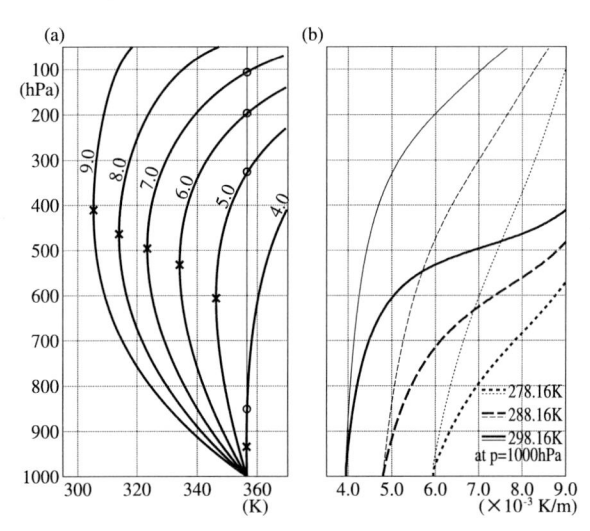

図 3.6 (a) 1000 hPa での気温が 25℃（298.16 K）のとき，気温減率が 4, 5, 6, 7, 8, 9 K km^{-1} の場合の飽和相当温位の鉛直プロファイル．×印で最小値をとる気圧レベル $L\theta_{e\,\min}^*$，○印で 1000 hPa の空気塊が飽和している場合の浮力がなくなる気圧レベル $LNB_{\max}$ を示す．(b)1000 hPa での気温が 5℃（278.16 K，点線），15℃（288.16 K，破線），25℃（298.16 K，実線）のとき，横軸で示した気温減率をもつ大気状態から求めた $L\theta_{e\,\min}^*$（太線）および $LNB_{\max}$（細線）を示す（Kato et al., 2007）．

3.8 積乱雲の潜在的発達高度

$L\theta_{e\,\min}^*$ と $LNB_{\max}$ に対する大気の安定度（Γ）との関係を 1000 hPa の気温（5℃, 15℃, 25℃）別にみてみる．気温 25℃ の場合，Γ を横軸方向に，$L\theta_{e\,\min}^*$（図 3.6a の× 印）の気圧レベルを縦軸方向にとってつないだ曲線が，図 3.6b の太い実線である．また，同様に $LNB_{\max}$（図 3.6a の○印）の気圧レベルを縦軸方向にとってつないだ曲線が，図 3.6b の細い実線である．LNB はこの 2 本の曲線（太線と細線）で挟まれた気圧レベルの間に存在することになる．たとえば $\Gamma = 6$ K km^{-1} の場合（図 3.5），LNB が 532 hPa と 195 hPa の間に存在することを図 3.6b から読み取れる．気温 25℃ の場合と同じく，気温 5℃ および 15℃ の場合について作成したものが図 3.6b の点線と破線で示してある．

同じ大気の安定度（Γ が一定）の場合について（具体的には図 3.6b の y 軸方向に）みてみる．この場合，下層大気が暖かいほど，$L\theta_{e\,\min}^*$ および $LNB_{\max}$ は高くなる．このことは，下層大気が暖かいほど積乱雲はより高い高度まで発達できることを意味している．たとえば，$\Gamma = 6$ K km^{-1} の場合，$LNB_{\max}$ は 1000 hPa の気温が 25℃ であれば 195 hPa，15℃ なら 470 hPa であり，5℃ なら 900 hPa にも達しない．

つぎに，下層の気温が一定の場合について（具体的には図 3.6b の曲線に沿って）みてみる．この場合，大気の安定度が高く（Γ が小さく）なるほど，$L\theta_{e\,\min}^*$ と $LNB_{\max}$ はともに低くなる．1000 hPa の気温が 25℃ の場合，$\Gamma = 5$ km^{-1} では $L\theta_{e\,\min}^*$ と $LNB_{\max}$ はそれぞれ 603 hPa と 330 hPa であり，それより Γ が大きくなっても，それぞれの気圧レベルはさほど高くならない．しかし，それより Γ が小さくなると $L\theta_{e\,\min}^*$ と $LNB_{\max}$ はともに急激に低下する．特に，$LNB_{\max}$ の低下は著しい．このことから，大気の安定度が高くなると，積乱雲の潜在的発達高度が低下するだけでなく，その発達高度が存在する領域（$L\theta_{e\,\min}^*$ と $LNB_{\max}$ の間）はより限られるようになる．

また，Γ がある閾値（1000 hPa の気温が 25℃ の場合，約 3.8 K km^{-1}）以下になると θ_e^* の鉛直プロファイルに極小値はなくなり，θ_e^* は高度に対して単純に増加するようになる．この閾値は湿潤断熱減率 Γ_m に一致する．このことは，閾値をとるときに θ_e^* の鉛直プロファイルが 1000 hPa で

$$\frac{d\theta_e^*}{dz} = 0 \tag{3.37}$$

となり，式 (3.37) から求まる Γ が Γ_m に一致するためである（3.5 節参照）．

暖候期に発達する積乱雲は 100〜200 hPa（圏界面）まで達する．このことは，

通常の大気の安定度が $\Gamma = 6$ K km^{-1} 程度なので，1000 hPa の気温が 25℃ だとすると，図 3.6b から積乱雲の潜在的発達高度が 200 hPa に達することから説明できる．その一方，冬季に豪雪をもたらす積乱雲の発達高度は非常に低いことが多い．たとえば，日本海側にみられる筋状雲の発達高度は 1～3 km である（第 9 章参照）．図 3.6b の 5℃（278.16 K）の積乱雲の潜在的発達高度をみると，通常の大気の安定度（$\Gamma < 7$ K km^{-1}）では熱力学的にも背の高い積乱雲は発生しない．このことから，積乱雲の発達高度が低くなる原因は，気温が低いためであることがわかる．また，暖候期では LNB が 100～200 hPa となる大気の安定度（$\Gamma = 6$ K km^{-1}）でも，冬季では LNB は 900 hPa にも達しない．したがって，冬季に積乱雲を発達させるためには，大気の安定度を下げる上空の寒気移流が必要不可欠となる．寒気移流により Γ が 0.5 K km^{-1} 大きく（$\Gamma = 6.5$ K km^{-1} に）なるだけで，LNB_{max} は 750 hPa になる．このように，大気の安定度と積乱雲の発達高度には密接な関係がある．梅雨期における積乱雲の潜在的発達高度については，6.3 節に統計的な結果を，6.4 節に具体例を示す．

4 降水過程

　前章では水蒸気（気相）から雲（液相）に変わる過程のみを考え，相変化によって湿潤大気の特性が現れること，地球大気は乾燥対流と湿潤対流という2つの特性をもち，ときには水蒸気を介して潜熱エネルギーが下層に蓄積されて大気の不安定度が強化されること，数〜十数 km の水平スケールをもつ積乱雲はそのように蓄積された潜熱エネルギーを解放する爆発現象であることなどを説明した．

　ここでは，まず積乱雲内でどのようにして降水が形成されるかについて考える．積乱雲では水蒸気が凝結して雲粒（cloud droplet）がつくられる．しかし，最初に形成されるのは 0.01 mm 程度の小さなサイズの雲粒であり，空気とともに動いて地面まで落下することはない．ところが実際には，積乱雲の中で雲粒ができて雨が地上に達するまで1時間もかからない．積乱雲の中の速やかな雲粒から雨粒（raindrop）への成長などを理解するためには，積乱雲を構成する水物質に関する諸過程（雲物理過程，cloud physics）を知る必要がある．また，「はじめに」にも述べたが，積乱雲は発達から消滅まで通常1時間程度の寿命をもつ．この寿命を説明するためにも雲物理過程，特に降水は重要である．ここでは，雲物理過程をモデル化した簡単な数値モデルを使って，その諸過程がどのように降水の形成やその対流活動に影響を与えるかを眺める．

4.1 積乱雲の寿命

　条件付き不安定な成層の場で積乱雲が発生すると，周囲も不安定な状態であるから，あたかも引火したガソリンがなくなるまで燃え続けるように，積乱雲も周囲の不安定な場が解消されるまで持続すると思うかもしれない．しかし，実際の

積乱雲は寿命をもち，その寿命は通常1時間程度である．

図4.1は，典型的な積乱雲の発達（developing）・成熟（mature）・減衰（decay）のステージを示したものである．これらのステージは，積乱雲の中の鉛直流の構造，雲粒から雨粒への成長や雨粒の落下などで以下のように分類できる．雲粒の形成により放出される凝結熱（潜熱エネルギー）で浮力が生じ，積乱雲内すべてで上昇流となっているステージが発達期である．強い上昇流域（0℃の等値線が盛り上がっている領域）などでは雲粒から雨粒まで成長する．また，0℃より気温が低い上空では雲氷（cloud ice，氷晶）や雪（雪片）が形成される．そして，大きな粒径の雨粒まで成長すると，積乱雲内の上昇流に反して落下を始め，水物質（雨粒）の荷重（water loading）により周囲の空気を一緒に引きずり下ろすことで下降流が生じる．このような下降流が積乱雲内に現れるステージが成熟期である．成熟期には強い上昇流と下降流が共存していて，雪も大きく成長し，あられも形成される．また，大きな雨粒は地上まで達して，下降流とともに強い降水をつくり出す．通常，気象レーダーでとらえられる強い降水域（たとえば，口絵1）は成熟期の積乱雲がつくり出しているものである．その後，積乱雲内で下降流が卓越し始めると，下層からの水蒸気供給が遮断されて積乱雲内では凝結が起こらなくなる．そうなると，上昇流を維持するための不安定な成層状態が持続しなくなり，積乱雲はやがて消滅する．このように，下層に上昇流がなくなり下降流だけとなるステージが減衰期である．減衰期では，大きな粒径の雨粒はすでに地上に落下していて，落下速度の遅い小さい粒径の雨粒が降ってくる．以上に述べたように，積乱雲は寿命をもつだけでなく，積乱雲内で形成された水物質によって減衰を余儀なくされることから，小倉（1997）はこのありさまを自己破滅型と呼んだ．

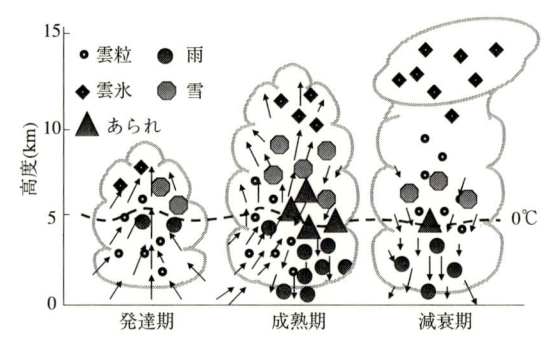

図4.1 積乱雲のライフステージと水物質の分布．0℃の等値線は，周囲との温度差の目安を示す．

4.2 雲粒から雨粒への成長－雲物理過程

成熟期に形成される下降流が水蒸気の供給を遮断しない場合，積乱雲は長時間にわたり維持できる．そのような積乱雲はアメリカ中西部などでしばしば発生し，通常の積乱雲よりも大きな水平スケール（数十 km）をもち，スーパーセル（super cell）と呼ばれる．スーパーセルの寿命が長いのは，スーパーセル内では $10\ \mathrm{m\ s^{-1}}$ を超えるような上昇流が持続し，その上昇流付近で形成された水物質が上昇流域の風下側に流されて，降水（下降流）が形成されるためである．このように，形成された水物質が効率よく風下側に流されるためには，たとえば下層で強い南風，上層で強い北風が吹いているような，大きな鉛直シア（vertical wind shear）がスーパーセルの発生する環境として必要となる．ただし，日本付近はおおむね西よりの風であり，暖候期には鉛直シアが強まることは少ないので，スーパーセルが発生することは非常に少ない．

4.2 雲粒から雨粒への成長－雲物理過程

まず雲粒や雨粒の粒径の違いをみてみる．図 4.2 は代表的な雲粒・霧粒・雨粒について相対的な大きさを比較したものである．凝結して最初につくられる雲粒の粒径（直径）は，非常に小さくて 0.01 mm 程度の大きさである．一方，霧粒 (drizzle) の粒径は 0.1 mm のオーダーであり，雨粒の代表的な粒径は数 mm である．したがって，雲粒から雨粒の大きさまで成長するのに，粒径で 100 倍以上も大きくならなければならない．積乱雲の中では雲粒ができて雨粒として地上に達するまでに 1 時間も要しないので，雲粒から雨粒までの速やかな成長にはなんらかの仕組みが必要となる．

空気の抵抗を受けるために，水滴が大きいほどその終端速度 V_T（terminal ve-

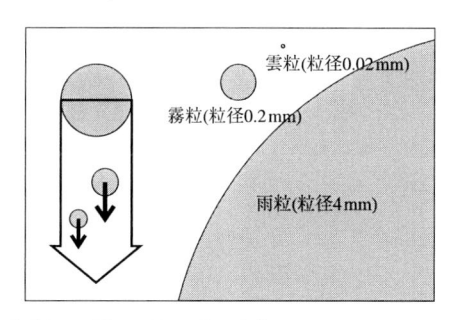

図 4.2 代表的な雲粒・霧粒・雨粒の大きさを相対的に比較したもの．左側の図は大きさが異なる粒子が，異なる速度で落下する様子を示す．矢印は各粒子の落下速度．

locity）は大きくなる．V_T とは水滴にかかる重力と空気による抗力が釣り合うときの落下速度である．空気の密度が水の密度 ρ_w と比べて非常に小さく無視できると仮定することで，V_T は

$$V_T = \frac{\rho_w D^2 g}{18\eta} \tag{4.1}$$

で求まる．ここで，D は球状の水滴の粒径，η（$\sim 1.8\times 10^{-5}$ N m s^{-2}）は空気の粘性係数である．式 (4.1) から，粒径 0.02 mm の雲粒の落下速度は約 0.012 m s^{-1} であり，雲粒はほとんど落下しない．また，粒径 0.2 mm の霧粒の落下速度は約 1.2 m s^{-1} になるが，実際に測定すると約 0.8 m s^{-1} であり，計算値より小さくなる．これは，落下中では水滴の粒径が大きくなると扁平になり，空気抵抗がより大きくなるためである．粒径数 mm になる雨粒の落下速度は数 m s^{-1} になる．

雲粒や雨粒などの成長には，主として凝結過程と衝突併合過程がある．凝結過程と衝突併合過程での雲粒成長の時間変化に対する模式図を図 4.3 に示す．凝結過程とは，周囲が過飽和であるという条件下での雲粒表面へ水蒸気が凝結するという雲粒成長過程である．しかしながら，この成長過程はいずれ頭打ちとなる（図 4.3a）．なぜなら，水蒸気が凝結する雲粒の表面積が D の 2 乗に比例する一方，雲粒の体積は D の 3 乗に比例するためである．

一方，衝突併合過程では雲粒どうしが衝突して併合することで雲粒が成長する．一般に積乱雲内の上昇流中でつくられる雲粒は，粒径が 0.01 mm オーダーと小さいが必ずしも均一なサイズではない．雲粒の大きさにばらつきがあると，大きい雲粒は速く落ちて，ゆっくり落ちる小さい雲粒と衝突するようになる（図 4.2 の

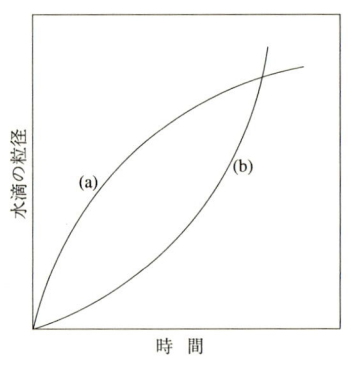

図 4.3　(a) 水蒸気の凝結過程と (b) 雲粒間の衝突併合過程による水滴の粒径が時間とともに増大する模式図．

左図）．衝突すると，大きい雲粒が小さい雲粒を併合してより大きな雲粒となる．そして，大きくなった雲粒はより速く落下するようになり，雲粒の成長が加速する．衝突併合過程での雲粒成長（図 4.3b）は時間とともに指数関数的に増加し，凝結過程による成長（図 4.3a）を凌駕するようになる．積乱雲の中ではこの 2 つからなる効率的な降水粒子の成長過程があって，雲粒が速やかに成長するのである．そして，雨粒の大きさまで成長すると，落下速度が大きくなるために上昇流に反して落下し始め，地上で降水として観測されることになる．

0°Cより気温が低い上空では，雲氷・雪・あられ（固相）ができる．落下中の雲粒・雨粒（液相）の形は基本的には球状だが，固相ではいろいろな形の結晶ができ，それが複合して多結晶となるなど非常に複雑な形状となる．また，落下速度についても形状や密度によってさまざまに変わる．したがって，落下速度の異なる固相間でも衝突併合成長が起こり，雪やあられなども効率よく成長できる．一方，固相の（昇華）凝結過程による成長は，気温が低い上空では水蒸気が少ないのであまり効かない．

4.3 固相（雲氷・雪・あられ）を含まない雲物理過程のモデル化

積乱雲を数値モデルで再現しようとすると，雲物理の諸過程をモデル化する必要がある．ここでは，雲氷・雪・あられ（固相）を含まない雲物理過程のモデル化について簡単に説明する（詳しくは付録 A-4.2 節を参照）．すなわち，雲物理の諸過程としては水蒸気（気相）と雲粒・雨粒（液相）だけを考えることにする．このようにモデル化したものを「暖かい雨（warm rain）」と呼ぶ．また，固相を含む雲物理過程をモデル化したもの（図 A-4.1）は「冷たい雨（cold rain）」と呼ばれる．

水蒸気・雲粒（雲水）・雨粒（雨水）の 3 つのカテゴリーのうち，数値モデル内では雨水は落下するが，雲水は落下しないと仮定する．図 4.4 にモデル化したそれぞれの水物質間の諸過程を示す．このモデル化において，前節で述べたように，水滴の粒径が大きくなると，凝結過程の影響は小さいため衝突併合過程が主に効くので，雨水の凝結過程は考えないことにする．

水蒸気・雲粒・雨水の混合比を q_v, q_c, q_r とすると，ある特定の場所（モデルの格子点）におけるそれぞれの時間変化は以下のように書ける．

q_v の時間変化 $= q_v$ の移流による増減 $- q_c$ への凝結 $+ q_c$ からの蒸発

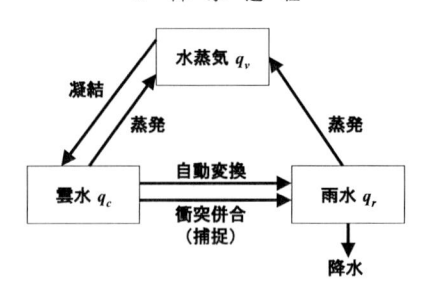

図 4.4 水蒸気・雲水・雨水間の諸過程．自動変換とは，雲水の混合比がある臨界値を超えるとその超過分が雨水の混合比に変換される過程．

$$+ q_r \text{の蒸発} \tag{4.2}$$

$$q_c\text{の時間変化} = q_c\text{の移流による増減} + q_v\text{からの凝結} - q_r\text{への自動変換}$$
$$- q_r\text{による捕捉} - q_v\text{への蒸発} \tag{4.3}$$

$$q_r\text{の時間変化} = q_r\text{の移流による増減} + q_c\text{からの自動変換} + q_c\text{の衝突併合}$$
$$- q_v\text{への蒸発} + \text{降水による増減} \tag{4.4}$$

ここでは，q_r の時間変化 (4.4) だけを具体的に説明する．右辺第 1 項は，ある場所でみたときの q_r が風に流されること（移流，advection）によって増減する時間変化量を表し，第 2～5 項が雲物理の諸過程である．第 2 項は q_c がある臨界値を超えると超過分が q_r に変換する過程（自動変換，auto-conversion），第 3 項は雲水と雨水の落下速度の違いによる衝突併合過程（捕捉，accretion），第 4 項は雨水が未飽和領域にあるときに蒸発する過程，第 5 項は重力によって落下する過程（降水）による q_r の時間変化量を表す．ここで，第 5 項を除く雲物理過程の符号の $+$ ($-$) は時間的に増加（減少）することを意味する．また雲物理過程では，式 (4.2)～(4.4) の総和をとると，降水を除けば水物質の総量は保存する．

こうした雲物理の諸過程の式に，運動方程式，連続の式，熱力学の式など（付録 A-4.1 節を参照）を組み合わせることによって，個々の積乱雲を表現するための方程式系が得られる．このような数値モデルを雲解像モデル（cloud resolving model）と呼ぶ．また 5～10 km 程度の水平スケールをもつ積乱雲を表現するためには，雲解像モデルの水平格子サイズを数百 m～数 km にしなければならない．そのような水平格子サイズでは静水圧近似（鉛直流の運動方程式 (A-4.3) を静水圧平衡の式 (2.15) で置き換えること）が成り立たないので，近似を用いずに鉛直流も予報しなければならない．それゆえに，静水圧近似を用いる旧来の数値予報

モデルと区別するために，非静水圧（非力学）モデル（NHM: nonhydrostatic model）とも呼ばれる．ただし，この呼び方は気象学分野でのみで使われているので注意してほしい．たとえば，工学系で用いられている水平分解能がより高いモデルは通常，非静力学モデルであるが，そのような呼び方はしない．また，雲解像という意味も含めて，非静力学雲解像モデルと呼ぶこともあり，本書では主にこの名称を用いることとし，略語も NHM とする．

ここでは，雲物理過程を簡単にモデル化した場合について述べた．しかし，観測された現象をよりよく再現するために，NHM では雲物理過程として図 A-4.1 に示すような複雑なものが用いられる．

4.4 降水の役割－感度実験

非静力学雲解像モデル（NHM）では，格子点での風の 3 成分（水平風と鉛直流），温位（あるいは温度），水蒸気，雲水，雨水などの時間変化を式 (4.2)～(4.4) や式 (A-4.1)～(A-4.5) のように計算することで，未来の状態を予想する．観測によって得られるデータには空間的・時間的に制約がある．しかし，NHM が豪雨・豪雪の事例を正しく再現できれば，その再現結果を解析することによって，観測データからだけでは理解するのに不十分であった豪雨・豪雪の構造を詳しく知ることができる．また，NHM にはそれ以外にも有益な使い方がある．たとえば，雨水の役割を知りたいときには関係する諸過程だけを方程式から消去し，その効果をみることができる．このようなモデルの使い方は感度実験と呼ばれ，その予想結果を解析することで豪雨・豪雪の発生・発達のメカニズムを理解することができる．

ここでは，雨水に関する感度実験の結果を紹介する．NHM を実行する領域は鉛直－水平の 2 次元で，水平方向には幅広い領域をとる．海面から熱と水蒸気を供給し，同時に全層を一定の割合で冷却することで，大気状態を不安定化させて積乱雲が発生しやすい条件を与える．また無風状態から計算を開始し，モデルの両端では周期条件（モデル領域の右側と左側がつながっている状態）とする．このような簡単な設定下で，まず水物質として水蒸気と雲水しか存在しない場合を想定する．具体的には，雨水に関わる諸過程 (4.4) を削除する．この場合，モデル内のほぼ全域が雲に覆われ，上昇流と下降流が水平方向に規則的に並ぶ構造となる（図 4.5a）．この対流は十数 km の水平間隔で並び，乾燥大気における絶対不安定成層にみられる対流のパターン（図 A-2.2 の定常的なロール）と同じにな

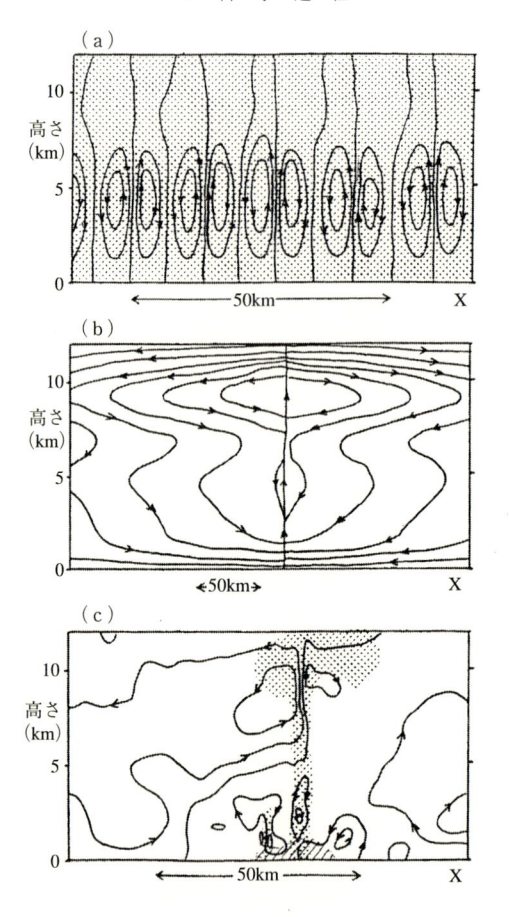

図 4.5 雨の扱いを変えた感度実験で得られる風の流れ（流線）の水平–高度断面図．(a) 雲水だけで雨水がない場合，(b) 雨水はできて落下するが，水物質の荷重の効果および雨水の蒸発過程がない場合，(c) すべての物理過程を入れた場合．(a) のドット域は雲域を示す．また (c) のドット域は雲水と雨水の領域，斜線域は地上付近の冷気域を示す．縦のスケールは同じであるが，横のスケールが異なることに注意する（Nakajima and Matsuno, 1988 より作成）．

る．乾燥大気のような対流パターンがみられるのは，全域が飽和状態になるからで，湿潤大気における保存量である飽和相当温位を乾燥大気における温位に置き換えて考えることができるためである．

　つぎに，雨はつくられて落下するがその際に周囲の空気を一緒に引きずり下ろす（水物質の荷重の）効果を含まず，さらに水物質が蒸発しない場合を想定する．

具体的には，式 (4.2) の q_r の蒸発と式 (4.4) の q_v への蒸発を削除する．この場合，狭くて強い上昇流が 1 つ形成され，その周囲は弱い下降流となり，このパターンが長時間持続する（図 4.5b）．図 4.5a と比べて，流れの構造（特に下降流域）が全く異なる．上昇流域では，凝結により大気が暖められることで不安定な成層がつくられ，積乱雲が維持する．ところが，下降流域では弱い下降流が大きく広がり，安定な成層がつくられる．また積乱雲が孤立する様子は実際に近いが，再現された積乱雲には図 4.1 に示したライフステージにおける成熟期・減衰期がみられないなど異なる点が多い．

図 4.5c に，水物質の蒸発も含むすべての雲物理過程を用い，水物質の荷重の効果を含んだ現実にいちばん近い場合を示す．この場合，背の高い積乱雲の周囲に複数の積乱雲ができる．さらに，積乱雲の時間変化をみると，図 4.1 に示した 3 つのライフステージが現れる（図略）．下層を詳しくみると，落下してきた雨水の蒸発により冷やされた空気塊がつくられている．そこでは，外向きに広がる冷気外出流（cold outflow）がつくられる．この冷気外出流は既存の積乱雲を減衰させたり，逆に新しい積乱雲をつくったりする（詳細は次章を参照）．

以上から，凝結して降水がつくられてはじめて，積乱雲やその周辺域の特徴が現れることがわかる（図 4.5b, c）．すなわち，地球大気中に存在する狭い雲域（あるいは降雨域）と広い晴天域というわれわれになじみ深い空模様は，降雨によってつくり出されているのである．ただし，ここで述べた条件では，降雨が存在しても積乱雲は孤立的である．実際の豪雨・豪雪が発生するときには，積乱雲が繰り返し発生・発達するだけでなく，複数の積乱雲が組織化する．次章ではそのような積乱雲群が発生する条件について述べる．

5
積乱雲・メソスケール擾乱・大規模場の擾乱との関係

前章では，積乱雲が通常1時間程度の寿命をもつことを述べた．これは，1つの積乱雲だけでは長時間持続して雨を降らせられないことを示している．つまり，1つの積乱雲だけでは総降水量 100 mm を超えるような豪雨や総積雪量 1 m（降水量で約 100 mm）を超えるような豪雪の発生を説明できない．なぜなら，鉛直方向に積算した水蒸気量は降水量に変換して暖候期で 60 mm，寒候期で 5 mm 程度であり，1つの積乱雲がその水蒸気をすべて凝結させて降雨や降雪にしても上で述べた量には到底達しないためである．

それでは，どうして豪雨や豪雪が発生するのだろうか．1つの積乱雲からの降雨・降雪量には限度があるが，複数の積乱雲が次々と発生して同じ場所に降雨・降雪をもたらすことで大量の降雨・降雪量になる．すなわち，豪雨・豪雪の発生のためには積乱雲が次々に発生する必要がある．そのような積乱雲群をメソ対流系（MCS: mesoscale convective system）と呼ぶ．メソ対流系は複数の積乱雲から構成されていることから，その水平スケールは 100 km 程度になる場合もあり，時間スケールは 10 時間を超えることもある．また，1.1 節で述べた豪雨・豪雪をもたらす線状降水帯は，複数のメソ対流系が線状に並ぶことでつくり出され，水平スケールは 200 km を超えることがある．本書では，この2つの異なる水平スケールをもつ擾乱をあわせて，メソスケール擾乱と呼ぶことにする．

ところで，どのようにして積乱雲が次々に発生できるのだろうか．本章では，その仕組みについて，前章で述べた積乱雲自身が形成する冷気外出流だけでなく，大規模場の擾乱が与える周囲の状態（環境場）について述べる．特に，その中でメソ対流系の発生・維持において重要となる水平風の鉛直シアの役割をみてみる．

また，豪雨・豪雪が発生するときは，上で述べた積乱雲，メソ対流系，線状降水帯が共存している場合が多い．このことは，降水システムである線状降水帯には多重スケールの構造，すなわち階層構造がみられることを意味している．それでは，それぞれがどのような関係にあり，相互に作用し合うのだろうか．その中で，メソ対流系の水平・時間スケールはどのようにして決まるのだろうか．ここではそのことについても説明する．

5.1 気象擾乱の空間・時間スケール

積乱雲，メソスケール擾乱，大規模場の擾乱は，豪雨・豪雪を発生させる線状降水帯の形成に関与する．それらの関係を述べる前に，それぞれの大まかな空間・時間スケールをみてみる．まず，図 5.1a に示した空間スケールから大気現象を分類する．スケールの大きな方からみると，天気図上で解析されている数千 km の惑星/総観スケール（planetary/synoptic scale）の気象擾乱があり，太平洋高気圧，チベット高気圧や梅雨前線がこれにあたる．そのスケールより小さく，数 km より大きいスケールをメソスケール（mesoscale）という．このスケールの気象擾乱は本章の以降で述べるように，降水現象と直接関係する．さらに，Orlanski (1975) はメソスケールを大きい方から，メソαスケール（200〜2000 km），メソβスケール（20〜200 km）とメソγスケール（2〜20 km）に分類した．

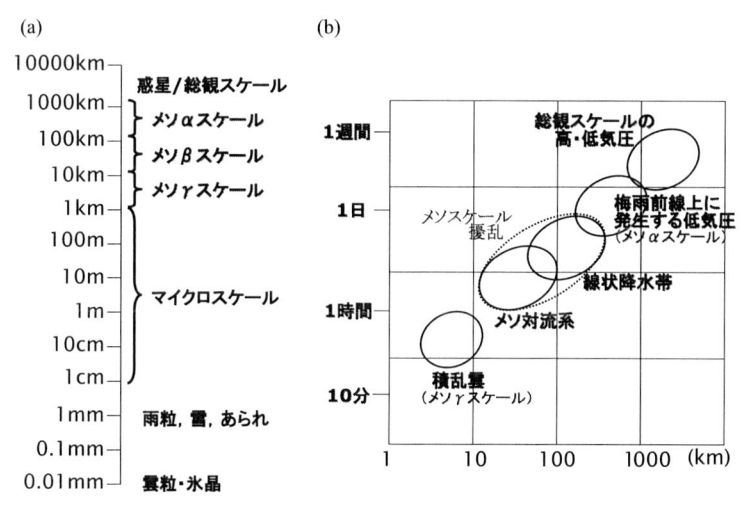

図 5.1 (a) 空間スケールによる大気現象の分類と (b) 降水に関する気象擾乱における空間スケールに対する時間スケールの関係．

メソαスケールの気象擾乱としては，梅雨前線上に発生する低気圧やメソ対流複合体（mesoscale convective complex）などがある．メソ対流複合体は気象衛星の赤外画像でみて，赤外輝度温度が $-52℃$ 以下の領域が10万 km^2 以上，$-32℃$ 以下の領域が50万 km^2 以上であるなどの条件（Maddox, 1980）を満たす積乱雲群である．このようなメソ対流複合体は梅雨期の東アジア域でもよく観測される（二宮, 1991）．

本書で特に着目するのは，積乱雲とメソ対流系である．積乱雲はメソγスケールに属し，水平スケールは暖候期では10 km，寒候期では5 km程度である．このスケールは積乱雲の発達高度とほぼ一致する．本章の最初に述べたように，メソ対流系は複数の積乱雲により構成され，その水平スケールは10〜100 km程度である．また，線状降水帯は複数のメソ対流系により構成され，その水平スケールは50〜300 km程度である．したがって，メソ対流系と線状降水帯は，Orlanski (1975) の分類では明確に区別することはできない（メソβスケール以外に属すこともある）[*]．

[*] 図5.1に従うと，線状降水帯はメソスケールに分類されるので，広義にメソ対流系と呼ばれることがある．しかし，本書では混同を避けるためにそのような呼称は用いず，メソ対流系は積乱雲が組織化した最小の降水システムとして定義した．

メソスケールより小さいスケールをマイクロスケールといい，小さなものとしては乱流をつくり出す渦（数cm〜数m），大きなものとしては竜巻やダウンバースト（数十m〜数km）などがこれにあたる．ここでは，マイクロスケールより大きい現象を気象擾乱として分類する．マイクロスケールよりさらに小さなものに，前章で述べた雲粒，雨粒，氷晶，雪，あられなどの降水物質がある．

つぎに，降水に関連する気象擾乱の空間スケールと時間スケールの関係（図5.1b）をみてみる．総観スケールで代表的な移動性低気圧では，時間スケールが数日〜1週間程度であり，梅雨前線上に発生するようなメソαスケールの低気圧の時間スケールは1〜数日程度である．また，集中豪雨をもたらす線状降水帯がほぼ停滞している時間は数時間〜1日程度であり，1.2節で述べた熱雷にともなう降水域が観測されるのは1〜3時間程度である．このことからメソ対流系の時間スケールは1時間〜1日程度となる．そのメソ対流系を構成している積乱雲の寿命（時間スケール）は，4.1節で述べたように1時間程度である．このように気象擾乱の空間スケールが小さくなると時間スケールも小さくなる．また，時間スケールに対する空間スケールの比は，気象擾乱の空間スケールによらず $0.1〜0.3\,s\,m^{-1}$ 程

度であり，このことは非常に興味深い．

5.2 積乱雲にとっての環境場（鉛直シア）の役割

ここでは，環境場における水平風の鉛直シアの役割について，非静力学雲解像モデルによる結果からみてみる．ここでは，2次元の単純化されたケースを考える．水平風の鉛直シアとは，高さ方向に水平風速の大きさが変わる割合である．図 5.2 の右上のような水平風を初期場に与えた場合を考える．地上と高度 2.5 km の間には風速差（Δu）があり，風速の大きさは高さとともに一様に変化している．この場合，一定の鉛直シアがあるという．一方，高度 2.5 km 以上では風速は一定なので鉛直シアはない．

$\Delta u = 7.5 \mathrm{~m~s}^{-1}$ の場合について，計算した雲水と雨水および流れの空間分布の時間変化を図 5.2 に示す．これは，ほぼ同じような時間変化を繰り返すようになった頃のものである．どの時刻でも，雨水の等値線が閉じた領域が 4～5 個並ぶのがみられる．それぞれが異なる積乱雲により形成された雨水の領域であり，右から順に発生・発達・成熟・減衰の各ステージの積乱雲に対応し，メソ対流系を形成していることがわかる．

つぎに，メソ対流系内の個々の積乱雲を追跡してその時間変化をみると，積乱雲は左に動きながら，図 4.1 でみた積乱雲のライフステージと同じく発達・成熟・減衰期を経て，消滅していることがわかる．つまり，このメソ対流系は自己破滅型の積乱雲を繰り返し発生させることで，全体としてはほとんど形を変えていない．このことから，積乱雲とメソ対流系の水平スケールと時間スケールは全く異なることがわかる．つまり，積乱雲は 10 km 程度の水平スケールと 1 時間程度の時間スケールをもつ．その一方，図 5.2 で示したメソ対流系は 50 km 程度の水平スケールと数時間以上の時間スケールをもつ．このメソ対流系は複数の積乱雲（セル）で構成されていることから，マルチセルストーム（multi-cellular storm）とも呼ばれる．用語の中のセルとは本来細胞のことを指すが，気象レーダーでみると積乱雲の降水域が降水の最小単位としてセル状にみられることから，このように呼ばれる．

鉛直シアの大きさだけを変えるとどうなるだろうか．大きな鉛直シア $\Delta u = 20 \mathrm{~m~s}^{-1}$ の場合（Fovell and Ogura, 1988），メソ対流系を構成する積乱雲の数は 1～2 個となり，積乱雲の寿命も長くなる．一方，Δu を小さくするとメソ対流系は形成されにくくなる．特に，$\Delta u = 0$（鉛直シアがない）の場合には，メソ対流系

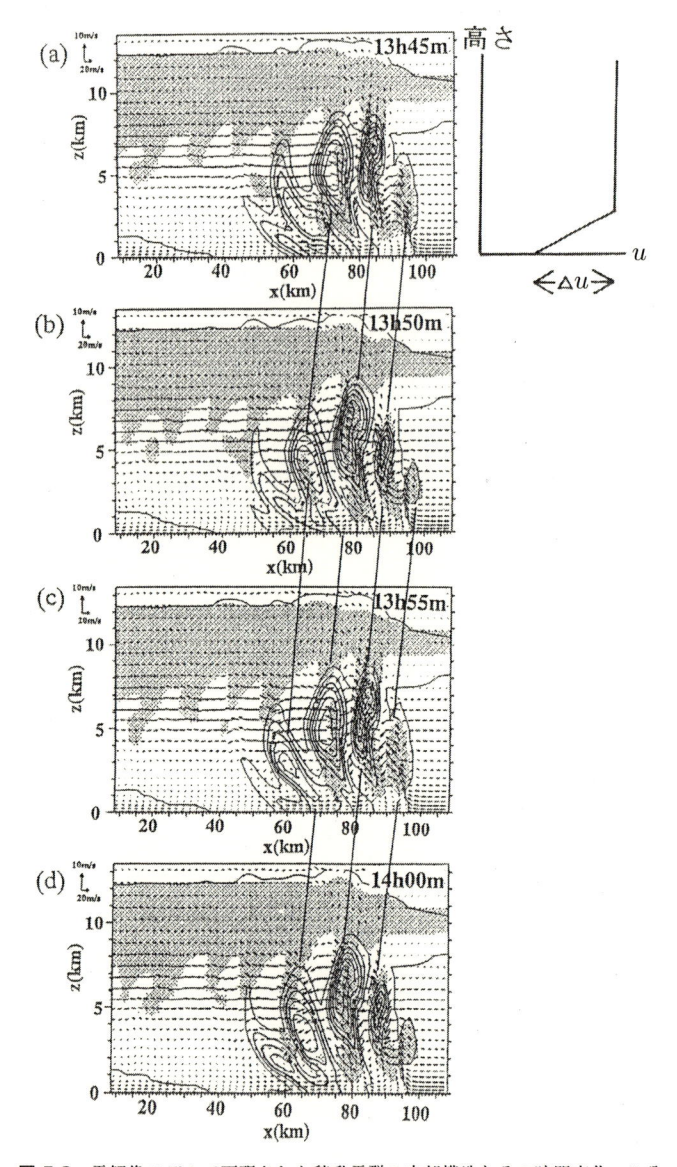

図 5.2 雲解像モデルで再現された積乱雲群の内部構造とその時間変化. 5 分ごとにおける雲水（陰）と雨水（等値線）の混合比と風（ベクトル）の鉛直分布を示す. 直線は積乱雲の動きを示す. 初期場の風の鉛直シアが $\Delta u = 7.5 \text{ m s}^{-1}$ である場合（Yoshizaki and Seko, 1994）.

は全く形成されない．このように，ある程度の水平風の鉛直シアがなければ，一般に積乱雲はメソ対流系を組織化しない．

それでは，環境場に水平風の鉛直シアがある場合，どうして積乱雲は単独に存在せずにメソ対流系に組織化するのだろうか．水平風の鉛直シアがある場合の新しい積乱雲の発生の一例を図 5.3 に示す．また，図 5.3 の右側に，積乱雲の移動速度を差し引いた相対的な水平風の鉛直シアを示す．積乱雲は水蒸気の流入方向に相対的に進むことになるので，下層風により水蒸気が積乱雲へ大量に流入する．それにより成熟期から減衰期にかけて大量の雨水がつくり出される．この雨水の一部が下層で蒸発し，大気を冷やして冷気塊をつくる．そして，この冷気塊が積乱雲からの冷気外出流となって水蒸気の流入方向に流出することで，積乱雲からみて下層の風上方向に収束線が形成される．収束線上では上昇流がつくられ，その上昇流により下層の湿潤な空気塊は自由対流高度に達し，新たな積乱雲が形成される．この一連の繰返しによりメソ対流系は維持される．

一方，水平風の鉛直シアのない場合では，積乱雲に相対的な流れは弱くなり，積乱雲に大量の水蒸気が供給されない．そのようなケースでは，積乱雲は主にその周辺の水蒸気を使って発達することになるが，冷気外出流と下層の風との収束は弱く，積乱雲が次々に発生することはなくなる．すなわち，冷気外出流があっても水平風の鉛直シアがなければ，通常メソ対流系は形成されない．

本節では，メソ対流系の形成における鉛直シアがある場合の冷気外出流の役割を述べた．しかし，日本の梅雨期では雨水の蒸発（冷気外出流）がなくてもメソ対流系が維持できる別のシステムが存在する．次節で，そのシステムについて述べる．

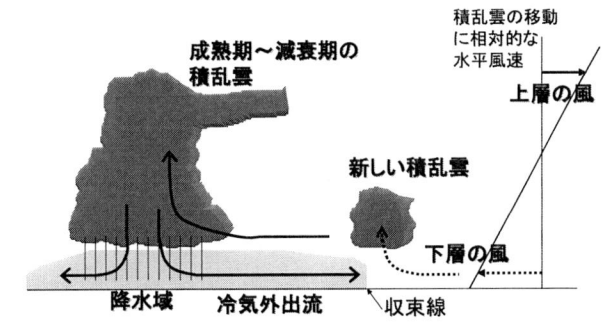

図 5.3 水平風の鉛直シア（右側の分布）がある場合の新しい積乱雲の発生の一例．

5.3 メソ対流系にとっての大規模場の擾乱の役割

　積乱雲群の組織化（メソ対流系の形成）には，より大規模場の擾乱（たとえば，寒冷前線，梅雨前線など）の存在も重要である．なぜなら，それらは下層に風の収束場をつくり，大きな水平風の鉛直シアの場をつくり出して，積乱雲を次々に発生させる環境場を提供するからである．

　図 5.3 のようなケースでは，成熟期〜減衰期における雨水の蒸発が積乱雲からの冷気外出流を形成し，その冷気外出流は積乱雲群の組織化（メソ対流系の形成）に寄与している．しかし，梅雨期に日本付近で観測されるメソ対流系では雨水の蒸発はあまり起こらず，そのような場合には冷気外出流がほとんど形成されない．なぜなら，次章で示すように梅雨前線付近の下層大気では相対湿度が 100% に近く，それにともない雲底高度（持ち上げ凝結高度）も数百 m と非常に低いので，そもそも積乱雲が発生する環境場では雨水の蒸発が起こりづらいからである．それでは，冷気外出流が形成されない環境場において，どのようにメソ対流系（マルチセルストーム）が形成・維持されるのだろうか．

　梅雨前線付近のような環境場では，大規模場の擾乱がメソ対流系の形成・維持に大きな役割を果たしている．その例として，大規模場の擾乱である梅雨前線上にメソ対流系が形成し，維持したケース（1993 年 8 月 1 日鹿児島豪雨）をみてみる．そのケースでは北西から南東に停滞していた梅雨前線に沿って線状降水帯が形成され，その線状降水帯によって鹿児島県南部に集中豪雨がもたらされた．

　非静力学雲解像モデルで再現された鉛直流と地上付近の温位の水平分布および鉛直流の鉛直断面図を図 5.4 に示す．鉛直流のうち強い上昇流域が個々の積乱雲に対応する．それらの領域の風上にあたる西側に梅雨前線に対応する地上付近の風の収束線が存在している（図略）．その収束線上で新たな積乱雲が形成され，その積乱雲がある程度発達すると上空の強い西風によって東に移動する（図 5.4a の太い矢印で示した上昇流域およびそれに対応する図 5.4b の上昇流域）．そして，複数の積乱雲が組織化して，メソ対流系が形成されている様子がみられる．このように発達した積乱雲が移動することで，新たな積乱雲が形成される．また，梅雨前線周辺での地上付近の温位（図 5.4a の実線）をみると，その東西温度差は 1 K 程度と小さいことから，雨水の蒸発およびそれによる冷気塊の形成がほとんど起こっていないことがわかる．これは，梅雨前線付近の下層大気が十分に湿潤なためである．以上から，このメソ対流系の形成・維持には，梅雨前線上の大規

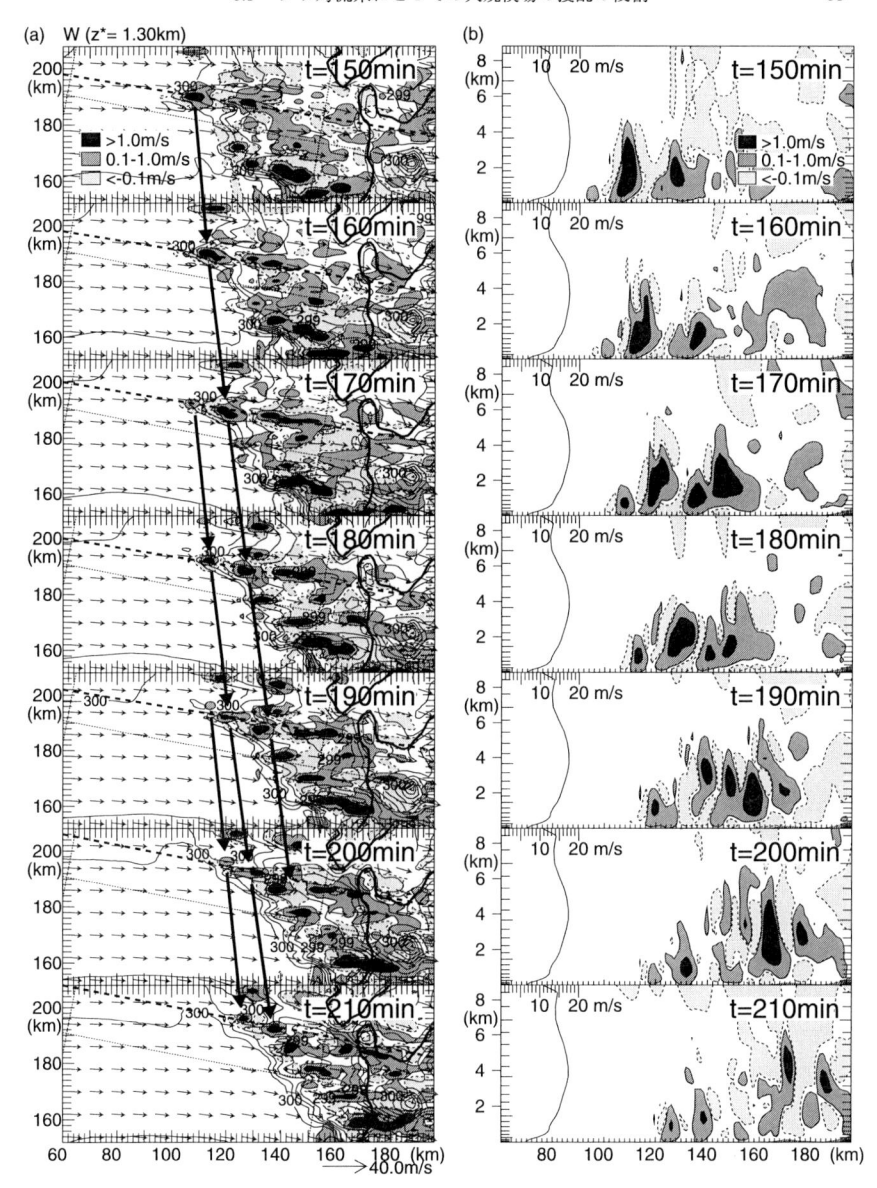

5.3 メソ対流系にとっての大規模場の擾乱の役割

図 5.4 1993 年 8 月 1 日に鹿児島県南部で発生した豪雨のケースで，水平分解能 2 km の非静力学雲解像モデルで再現された (a) 梅雨前線上の高度 1.3 km の鉛直流（陰影）と地上付近の温位（実線，等値線の間隔は 0.25 K）と水平風の 10 分ごとの水平分布図．(b) (a) の太い破線上の鉛直断面図．左のプロファイルで断面図内の平均水平風速を示す（Kato, 1999）．

模な収束場がほぼ停滞していることと上層に強い西風が存在していることが重要であり,冷気外出流を必要としないことがわかる.

図 5.4 のケースでは,線状降水帯は大規模場の擾乱である梅雨前線に沿って存在していたことを述べた.このことは,線状降水帯が積乱雲,メソ対流系と大規模場の擾乱からなる多重スケールによる階層構造 (hierarchical structure) をもつことを示している.また,大規模場の擾乱を必要とせず,山岳による滑昇流を発生・維持要因とする地形性のメソ対流系も存在し,ときには長時間停滞して集中豪雨をもたらすことがある (7.5 節参照).この場合,線状降水帯は大規模場の擾乱をともなわないメソ対流系と積乱雲からなる階層構造をもつことになる.

5.4 積乱雲・メソ対流系・大規模場の擾乱からなる階層構造

線状降水帯が大規模場の擾乱から積乱雲まで数段階の階層構造をしていて,それぞれが重要な役割を担っていることを前節で述べた.ここでは,1999 年 6 月 29 日に発生した福岡豪雨 (口絵 1 参照) を例として,寒冷前線,メソ対流系,積乱雲の動きを気象レーダーの観測データから分類し,線状降水帯が階層構造をしていることを確かめてみる.また,メソ対流系と積乱雲の水平・時間スケールが異なることはすでに 5.1 節で述べたが,ここでは改めて大規模場の擾乱も含めて,それぞれの擾乱の水平・時間スケールがどの程度であって,何によって決まるのかについても述べる.

1999 年福岡豪雨が観測される直前の地上天気図を図 5.5 に示す.天気図には,

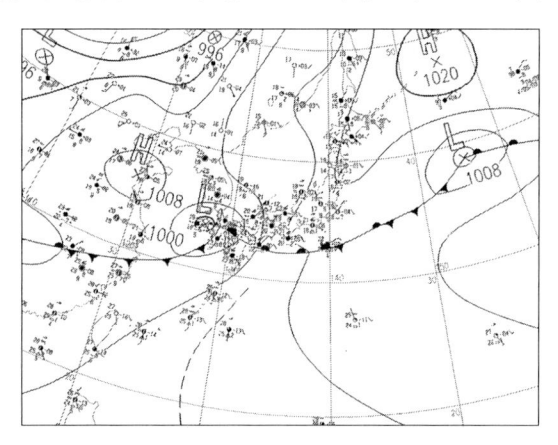

図 **5.5** 1999 年 6 月 29 日 3 時の地上天気図.

5.4 積乱雲・メソ対流系・大規模場の擾乱からなる階層構造

メソ α スケールの低気圧，温暖前線と寒冷前線が九州の北部付近に解析されている．このように地上天気図に解析される低気圧，温暖前線や寒冷前線の水平・時間スケールは傾圧不安定波や前線形成などの理論（小倉，2000 などを参照）で説明でき，水平スケールは数百〜2000 km 程度，時間スケールは数〜10 日程度である．その一方，積乱雲の水平スケールは数〜十数 km であり，時間スケールは 1 時間程度である．それでは，メソ対流系はどの程度の水平・時間スケールをもっているのだろうか．

5.2 節で述べたように，個々の積乱雲の寿命は短いので，メソ対流系を構成する積乱雲は時間とともに新しいものに次々と入れ替わっている．その積乱雲は，メソ対流系からみて風上側，すなわち冷気外出流との収束地点や下層風収束が存在している場所で発生する（5.2, 5.3 節参照）．したがって，メソ対流系の水平スケールはおおよそ積乱雲の移動距離で決まる．その一方，メソ対流系の時間スケールを決める要因として，水平風の鉛直シアや下層と中層とで風向が異なる効果などが考えられている．しかし，それらの要因は対流活動によって時々刻々変化するので，メソ対流系の時間スケールを決めるのは容易なことではない．その時間スケールを実際の豪雨が発生している時間とすると，1 時間〜1 日程度ということになる．

寒冷前線，メソ対流系，積乱雲の動きおよびそれらの水平・時間スケールをみてみる．1999 年 6 月 29 日 1〜10 時に気象レーダーで観測された南北方向と東西方向での前線付近の最大降水強度の時系列をそれぞれ図 5.6a, b に示す．まず大きな目でみると，降水強度の強い領域が 5 m s^{-1} 弱の速度でゆっくりと南方向に，さらにゆっくりとした速度で東方向にも移動していることがわかる．この移動は，図 5.5 で解析されている寒冷前線の南下にともなうものである．

つぎに目につくのは北進かつ東進する複数の筋状のもの（たとえば，図 5.6a, b の破線の矢印）で，それぞれが発達した 1 つの積乱雲に対応するものである．それらの時間スケールは約 1 時間，水平スケールは約 10 km であり，図 5.6a, b からそれぞれ北方向へ約 15 m s^{-1}，東方向へ約 20 m s^{-1} の速度で移動していることからその移動速度は 25 m s^{-1} 程度である．また，積乱雲の移動距離は積乱雲の時間スケールと移動速度から見積もることができるので，移動距離は約 100 km ということになる．

図 5.6a, b から，寒冷前線と積乱雲の動きに重なって，別の動き（たとえば，MCS-a と MCS-b で示された実線の矢印）をみてとることができる．それらは

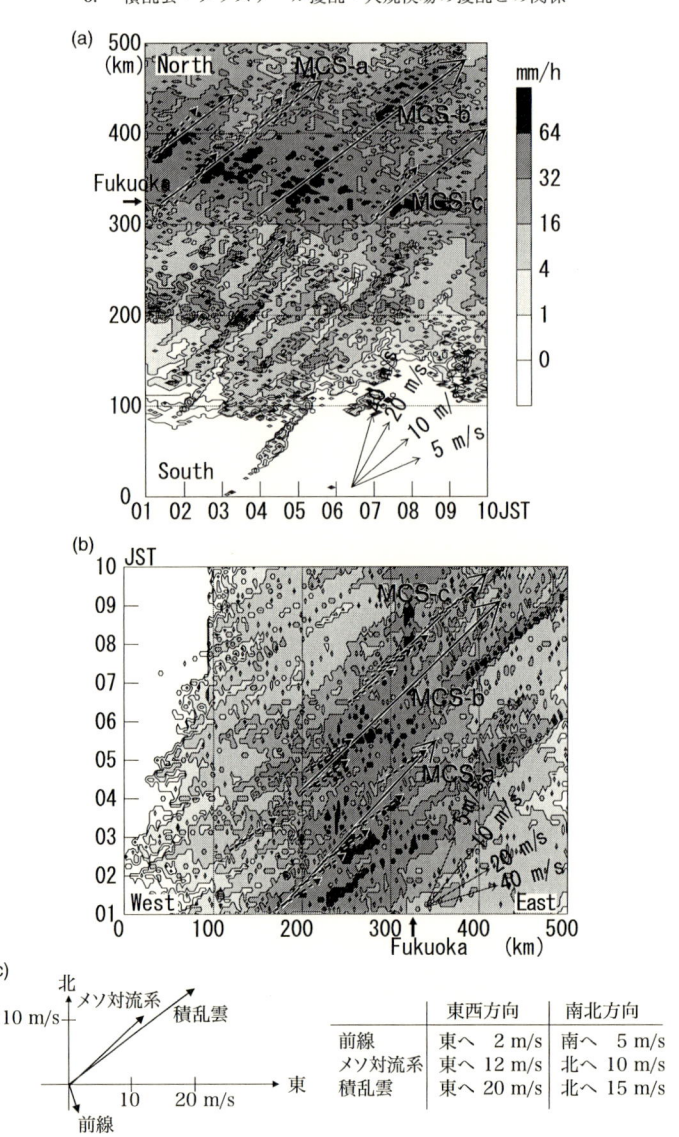

66   5. 積乱雲・メソスケール擾乱・大規模場の擾乱との関係

	東西方向	南北方向
前線	東へ 2 m/s	南へ 5 m/s
メソ対流系	東へ 12 m/s	北へ 10 m/s
積乱雲	東へ 20 m/s	北へ 15 m/s

図 5.6 1999 年 6 月 29 日 1～10 時に気象レーダーで観測された (a) 南北方向と (b) 東西方向での最大降水強度の時系列．移動速度は矢印で見積もることができる．(c) 寒冷前線，積乱雲およびメソ対流系 (MCS) の移動ベクトルと東西・南北方向の移動速度 (Kato, 2006)．

積乱雲の集合体で，北方向に約 10 m s^{-1}，東方向に約 5 m s^{-1} の速度で移動していて，積乱雲よりも移動速度が遅い．また，時間スケールは 3〜5 時間，水平スケールは積乱雲の移動距離に一致する 100 km 程度であり，メソ β スケールに分類されるものである．この集合体がメソ対流系であり，寒冷前線の中に常時 4〜5 個存在している．ここで，図 5.6a, b の MCS-b に注目してほしい．その南西端で積乱雲が約 30 分の間隔で繰り返し発生し，北東に MCS-b よりも速い速度で移動している．このことから，複数の積乱雲が組織化して，メソ対流系を形成していることがわかる．

寒冷前線，メソ対流系および積乱雲の移動ベクトルと東西・南北方向の移動速度を図 5.6c に示す．福岡豪雨をもたらした線状降水帯は 3 つの異なるスケールによる階層構造をもち，それぞれが異なった時間・水平スケールをもつだけではなく，異なった方向に移動していることがわかる．このように，豪雨をもたらす降水システムはみる水平スケールによって異なった構造や移動を示し，そのため降水システムのメカニズムは複雑なものとなる．

5.5 積乱雲の移動を決める要因

前節で，実際に観測された積乱雲の動きをみてみた．ところで，この動きは何によって決まるのだろうか．積乱雲という 1 つの塊が大気中に存在すると，その移動速度・方向は積乱雲の重心が存在する中層の大気の流れで決定されると考えるのが一般的である．その一方，豪雨をもたらすような背の高い積乱雲では，晴天時に存在する積雲とは異なり，大きな鉛直流によって下層の運動量が上層に輸送される．その運動量が積乱雲内で保存するので，積乱雲の移動速度・方向はメソ対流系に流入する下層の風速場で決まるとも考えられる．

図 5.6 のケースについて，上で述べた 2 つの考えに従えば，積乱雲の移動ベクトルは下層または中層の水平風ベクトルとして見積もることができる．図 5.6 とほぼ同時刻の気象庁の領域解析データにおける下層 925 hPa と中層 500 hPa の水平風ベクトルをみると，風速がともに約 20 m s^{-1} で，風向がそれぞれ南南西と西である．そのベクトルは図 5.6c で示した積乱雲の移動ベクトルに対し，下層では南成分が，中層では西成分が大きく，風速は小さい．したがって，積乱雲の移動方向が下層と中層の水平風の風向の中間に存在することから，下層と中層の大気の流れがともに積乱雲の移動に強く影響していると考えられる．つぎに，この影響について簡単な条件を設定して議論してみる．

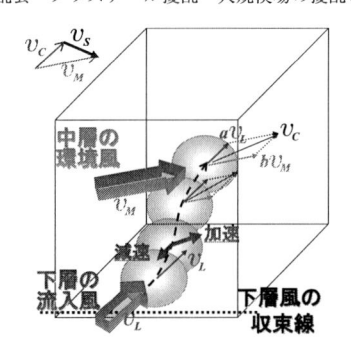

図 5.7 積乱雲の発生から発達期にかけての空気塊の動きの概念図（Kato, 2006）．

簡単のために，積乱雲の動きを下層から持ち上げられる空気塊の動きとみなし，大気の密度が一定な流体であるブジネスク流体（Boussinesq fluid）を考える．ここでは，図 5.7 に示されるように，地表付近の風の収束線に吹き込む下層風 $\boldsymbol{v}_L$ と中層の環境風 $\boldsymbol{v}_M$ からなる 2 層モデルの中で，下層から持ち上げられる空気塊が受ける影響をみる．積乱雲の移動ベクトル $\boldsymbol{v}_C$ は，下層の流入風ベクトル $\boldsymbol{v}_L$ と中層の環境風ベクトル $\boldsymbol{v}_M$ を用いて

$$\boldsymbol{v}_C = a\boldsymbol{v}_L + b\boldsymbol{v}_M \tag{5.1}$$

と書くことができる．ここで，a と b は係数である．

最初，下層から持ち上げられる空気塊は下層の流入風の水平運動量を維持する．その後，その空気塊には，気圧傾度力，地球の回転（コリオリ，Coriolis）の効果，周りの大気との混合といった空気塊の水平運動量を変化させるような力が加わる．ただし，コリオリの影響は，積乱雲の時間スケール（～1 時間）を考えると非常に小さい．また，水蒸気の凝結加熱による積乱雲とその周辺部との間につくられる気圧傾度力はかなり大きいが，積乱雲に対する流入側と流出側とではほぼ打ち消されるのでその影響も小さい．したがって，下層から持ち上げられる空気塊の受ける力は主に中層の環境風によるものだけとなる．中層の環境風による力は，気圧傾度力によるものだが，ここでは図 5.7 の左上に示した $\boldsymbol{v}_C$ と $\boldsymbol{v}_M$ のシアベクトル $\boldsymbol{v}_S$ 方向に気圧傾度力として表すことができると仮定する．この力は $\boldsymbol{v}_C$ が $\boldsymbol{v}_M$ に変化しようとするものである．したがって，下層から持ち上げられる空気塊の運動方程式は

$$\frac{d\boldsymbol{v}_C}{dt} = PGF = \alpha(\boldsymbol{v}_M - \boldsymbol{v}_C) \tag{5.2}$$

と書くことができる．ここで，PGF は気圧傾度力を表し，α は $1 \gg \alpha > 0$ を満たす係数である．式 (5.2) の初期条件（$t = 0$）を

$$\boldsymbol{v}_C = \boldsymbol{v}_L \tag{5.3}$$

とすると，式 (5.2), (5.3) から $\boldsymbol{v}_C$ は

$$\boldsymbol{v}_C = e^{-\alpha t}\boldsymbol{v}_L + (1 - e^{-\alpha t})\boldsymbol{v}_M \tag{5.4}$$

のように解ける．また，式 (5.4) を時間で微分すると，

$$\frac{d\boldsymbol{v}_C}{dt} = -\alpha e^{-\alpha t}\boldsymbol{v}_L + \alpha e^{-\alpha t}\boldsymbol{v}_M \tag{5.5}$$

となる．

式 (5.4) から，空気塊の移動速度は $\boldsymbol{v}_L$ から $\boldsymbol{v}_M$ へとしだいに変わり，十分時間が経つ（$t \longrightarrow \infty$）と $\boldsymbol{v}_M$ になることがわかる．しかし，積乱雲には寿命があるので，$\boldsymbol{v}_M$ になることはない．このことを加速度で考えたものが，式 (5.5) の意味するところである．すなわち，持ち上げられる空気塊が式 (5.5) の右辺第 1 項により下層の流入風ベクトル方向の水平運動量を徐々になくし，その一方で右辺第 2 項により中層の環境風ベクトル方向に水平運動量を得る．したがって，持ち上げられる空気塊は環境風により $\boldsymbol{v}_M$ 方向に加速され，$\boldsymbol{v}_L$ 方向に減速されることになる（図 5.7）．実際は，気圧傾度力以外にも，周囲との水平運動量の混合により $\boldsymbol{v}_M$ 方向の加速と $\boldsymbol{v}_L$ 方向の減速が生じる．

式 (5.1), (5.4) から $a+b=1$ が得られる．しかし，実際の風速場はここで述べたような下層と中層からなる簡単な 2 層モデルではなく，大気の密度も一定（ブジネスク流体）ではない．よって，$a+b=1$ が必ずしも満たされることはなく，a と b はともに 1 より小さい．運動量は大気の密度 × 風速である．下層の運動量が保存されるとすると，大気の密度が小さい中層では風速は大きくなる．このことから，$a+b>1$ となる．参考までに，図 5.6 のケースを気象庁の領域解析データから見積もると，a と b はともに 0.7 程度である．

積乱雲の動きは，上空の風で決まると思われがちである．このことは，夏期に積乱雲が発生するときにはだいたい下層風が弱く，極端に下層風がない場合を考える（式 (5.4) に $\boldsymbol{v}_L = 0$ を代入する）と，$\boldsymbol{v}_C$ は $\boldsymbol{v}_M$ だけの関数となるためであ

る．しかし，本節で説明したように，積乱雲の動きは下層の風速場の影響も受けている．特に，7.3節で説明するように，梅雨期では下層の相対湿度が100%に近いために，雨水の蒸発がほとんど生じない．そのため，水蒸気の凝結加熱により降水域下層の気圧が低下し，その低圧部に吹き込む風が強化され，ときには風速が30 m s^{-1}を超えることがある．そのような場合，積乱雲の動きは流入する下層風の影響を強く受けることになる．

6
梅雨期の豪雨

　日本で引き起こされる台風や熱雷に関連しない集中豪雨の多くは，梅雨期に西日本，特に九州地方で発生する．その梅雨期を特徴づけているものが梅雨前線で，5月上旬に中国の華南から台湾にかけ，モンスーンの始まり（オンセット）にあわせて顕在化する．その後，梅雨前線は総観スケールの擾乱の通過にともなって，南北に振動しながら太平洋高気圧の勢力拡大とともに北上し，7月下旬には朝鮮半島まで達して消滅する．

　前線は「密度（温度）の異なる空気塊の境界面が地表面または他の特別な面と交わってできる線」と気象の辞典には説明されているので，地表面での温度勾配の大きい場所に前線が解析されていることになる．しかし，Matsumoto et al. (1971) の解析によれば，西日本域の梅雨前線付近では，南北方向の温度勾配は小さい一方，水蒸気量勾配は非常に大きいことが指摘されている．このことは，梅雨前線が一般に説明される前線ではなく，水蒸気分布によって特徴づけられる異質なものであることを意味している．そもそも，低気圧にともなって寒冷前線や温暖前線として解析されている場合は別として，梅雨前線が停滞前線として解析されている場合は，地上天気図に解析されている1本の前線として表現できるものだろうか．

　ここでは，梅雨前線帯を，地上天気図に解析される梅雨前線付近での南北にある幅をもち，東西に伸びる活発な対流活動域（たとえば，図6.1にみられる雲域）と定義し，その梅雨前線帯の特徴について説明する．

　また，集中豪雨に結び付く強い雨の多くは，梅雨期の後半に起こる．その原因について，積乱雲の潜在的発達高度（熱力学的に解析される浮力がなくなる高度，

図 6.1 2001 年 6 月 19〜24 日の期間で平均した気象衛星雲画像. 赤外輝度温度.

3.8 節参照) から考えてみる.

6.1 梅雨前線帯の特徴

梅雨前線帯は，災害をもたらすような激しい降水現象が発生しうる領域である．ここでは，その構造を統計的にみてみる．なぜなら，そのような激しい降水現象を説明するには，それが発生する環境場である梅雨前線帯の構造を把握しておくことがきわめて重要だからである．

西日本でみられる梅雨前線帯は，前述のように下層において南北方向の温度勾配が小さく，比湿（水蒸気の混合比）勾配が大きいことで特徴づけられる．まず，その特徴を統計的に確かめるために，西日本で対流活動が活発であった 2001 年 6 月 19〜24 日の 6 日間について，気象庁の全球客観解析データを用いて作成した平均場を眺めてみる．用いた全球客観解析データの水平解像度は 1.25 度で，北緯 30 度では南北方向で約 130 km，東西方向で約 80 km に相当する．

2001 年 6 月 19〜24 日の期間で平均した 925 hPa 面の温位 θ と比湿，および 500 hPa 面の θ と相対湿度 RH の分布を図 6.2 に示す．下層 925 hPa の θ 分布（図 6.2a）をみると，東シナ海から関東地方にかけて，梅雨前線帯の南北方向の温度勾配は約 $1\,\mathrm{K}\,(100\,\mathrm{km})^{-1}$ と小さい．その一方，水蒸気分布（図 6.2b）には中国大陸から九州地方にかけて，東シナ海上に大きな勾配が存在し，その勾配は南北方向に $1\,\mathrm{g\,kg^{-1}}\,(100\,\mathrm{km})^{-1}$ 以上である．梅雨前線は，通常，この 2 種類の勾配が存在する領域に沿って東西方向に停滞する前線として解析される．下層の水蒸気量（図 6.2b）をみると，南西諸島の南方海上で $16\,\mathrm{g\,kg^{-1}}$ 以上の非常に湿っ

6.1 梅雨前線帯の特徴

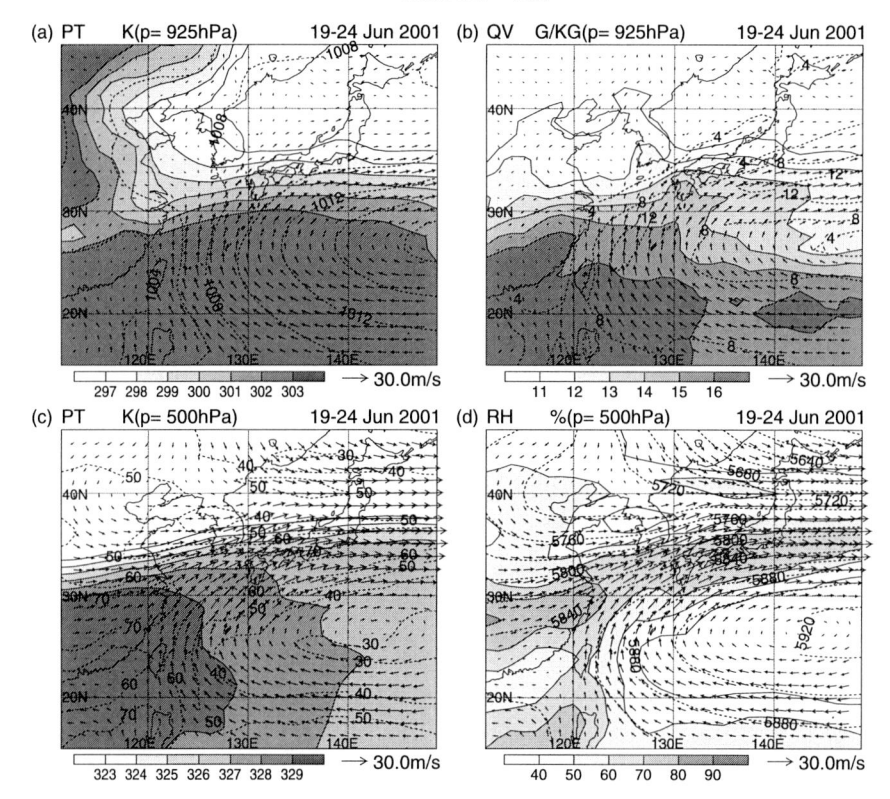

図 6.2 2001 年 6 月 19〜24 日の期間で平均した 925 hPa 面の (a) 温位と (b) 比湿,および 500 hPa 面の (c) 温位と (d) 相対湿度分布と水平風ベクトル.気象庁の全球客観解析データから作成.破線の等値線は (a) では海面気圧,(b) では同気圧面の水平風速,(c) では同気圧面の相対湿度,(d) では同気圧面の高度を示す(Kato et al., 2003 に加筆).

た気団(air mass)が存在している.そのような気団は太平洋高気圧の縁に沿って東シナ海上をとおり,北緯 30 度付近まで達していることがわかる.この非常に湿った気団が梅雨前線帯に侵入することによって,潜熱エネルギー(第 3 章参照)が大量に供給されて,九州付近での対流活動を強めることになる.

下層の水平風速(図 6.2b の風と破線の等値線)をみると,南西諸島の南方から東シナ海の南側にかけて,南〜南南西風が卓越し,平均風速 12 m s^{-1} 以上である領域が存在する.その海域では,高い海面水温と強風により,大量の水蒸気が蒸発していることが推測される.上で述べた非常に湿った気団の侵入に加え,東シナ海上での蒸発も加わり,梅雨前線帯に流入する水蒸気量は増大し,豪雨を引き起こす原因となる.このことに関連して,東シナ海上での海面からの水蒸気の蒸発

量が，豪雨発生期では他の梅雨期間に比べて著しく多いことを Akiyama（1973）が示している．

中層 500 hPa の RH 分布（図 6.2d）をみると，中国大陸もしくは東シナ海から日本列島にかけて，3000 km を超えて東西に伸びた湿った領域（$RH > 60\%$）が存在し，気象衛星で観測された雲域（図 6.1）にほぼ一致する．そのような領域は，湿舌（moist tongue）と呼ばれる．幅は南北方向に約 500 km であり，領域内では西南西風が卓越している．湿舌に存在する水蒸気の大半は，中国大陸での対流活動により下層から持ち上げられ，西南西風により運ばれてきたものだが，その一部は東シナ海から日本列島にかけての対流活動により持ち上げられたものである（詳しくは次節参照）．したがって，梅雨前線帯を対流活動が活発な領域と最初に定義しているので，梅雨前線帯はこの湿舌の領域に対応すると言い換えることができる．

梅雨前線帯（湿舌）の領域での大気は，対流活動（潜熱エネルギーの解放）の加熱により暖められることで，周囲よりかなり安定な成層状態になる．そのことを，下層 925 hPa と中層 500 hPa の θ 分布（図 6.2a, c）から確かめてみる．前述のように梅雨前線帯の下層（図 6.2a）には，小さいながらも約 $1\,\mathrm{K}\,(100\,\mathrm{km})^{-1}$ の θ の南北勾配が存在する．その一方，中層（図 6.2c）では，南北にほぼ等 θ（327～328 K）の領域が，太平洋高気圧の縁辺から梅雨前線帯（$RH > 60\%$ の領域）の北縁付近まで広がっている．このことから，梅雨前線帯上では，下層と中層の θ 差がその南側よりも 2～4 K 大きく，大気状態はより安定であることがわかる．図 6.3 に 925 hPa 面と 500 hPa 面間の平均気温減率分布を示す．中国大陸・東シナ海から九州にかけての梅雨前線帯に対応して，気温減率 Γ が小さい領域（$\Gamma = 4.5$ ～$5.0\,\mathrm{K\,km^{-1}}$）が存在する．その周囲の Γ は 5.0～$5.5\,\mathrm{K\,km^{-1}}$ であり，梅雨前線帯上より約 $0.5\,\mathrm{K\,km^{-1}}$ 以上大きい．また，九州より東側では，Γ が小さく，大気状態のかなり安定な領域が梅雨前線帯より北側に広がっている．この原因については，梅雨前線帯の対流活動ではなく，総観スケール擾乱の影響などが考えられる．このような梅雨前線帯での対流活動による大気の安定化は，3.8 節で述べているように積乱雲の潜在的発達高度にも大きく影響している．具体的な影響については 6.3 節で詳しく述べる．

湿舌という名称によるところが大きいが，中国大陸から西南西風により運ばれてきた中層の水蒸気によって対流活動が活発化し，豪雨が引き起こされると誤解されている方がいる．しかし，実際にはそのようなことは起こっていない．中層

6.1 梅雨前線帯の特徴

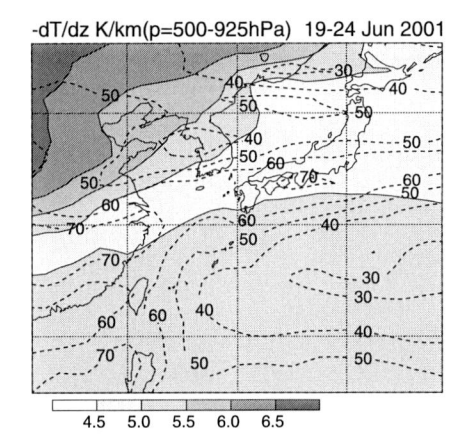

-dT/dz K/km(p=500-925hPa) 19-24 Jun 2001

図 6.3 図 6.2 と同じ．ただし，925 hPa 面と 500 hPa 面間の平均気温減率．破線の等値線は 500 hPa 面の相対湿度を示す．

500 hPa での水蒸気量は，その高度での気温が約 0℃なので最大でも 6 g kg^{-1}（図 3.1 参照）であり，梅雨前線帯の下層に流入する平均量 14 g kg^{-1}（図 6.2b）よりもかなり小さく，豪雨を引き起こすものではない．また，梅雨前線帯の中層（湿舌）に存在する空気塊の多くは，中国大陸上での対流活動により下層から持ち上げられ運ばれてきたものであり，水蒸気を多く含むだけでなく，対流活動により暖められている．したがって，そのような空気塊の中層への流入で大気の安定度は高くなり，対流活動は起こりにくくなる（3.8 節参照）．さらに，相当温位で定義される対流不安定度で考えると，中層が湿ることで湿潤大気の不安定度は小さくなる．参考までに，梅雨前線帯での豪雨は，下層数 100 m 付近に少なくとも水蒸気量 16 g kg^{-1}，場合によっては 20 g kg^{-1} 以上の非常に湿った空気塊が流入することで引き起こされている．具体的には次章で述べる．

ここまで，統計的にみた梅雨前線帯での特徴を述べてきた．さらに，個々の事例ではそれ以外の特徴が現れることがある．その例として，九州西方海上の梅雨前線帯で，2 つの線状降水帯が併合したケース（図 6.4）をみてみる．梅雨前線帯には北から冷たい気団，また太平洋高気圧の縁に沿って東シナ海上から湿潤な気団が侵入していた．その 2 つの気団の間に中国大陸の対流活動が活発な領域から別の気団が入り込み，それら 3 つの気団が九州西方海上で合流していた．中国大陸起源の気団と北および東シナ海からの気団との間に 2 つの収束線がつくり出されていた．線状降水帯は，それぞれの収束線上に形成した後に併合した．北から

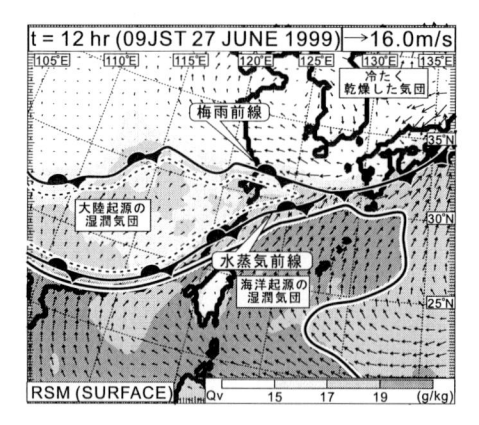

図 6.4 数値モデルを用いて梅雨前線帯に解析された 2 本の収束線；南北の温度傾度が顕著な梅雨前線と水蒸気傾度で決められた水蒸気前線 (Moteki et al., 2004).

の気団による収束線は南北の温度勾配，東シナ海からの気団による収束線は水蒸気勾配が顕著であった．温度勾配が顕著な収束線は梅雨前線に対応するものであり，天気図上に解析されていた．もう一方の水蒸気勾配が顕著なものは天気図上に解析されておらず，これを Moteki et al. (2004) は水蒸気前線と名づけた．

上記のケースのように，梅雨前線は南北の温度勾配が大きな収束線上に寒冷前線として解析されることがしばしばある．ただし通常，梅雨前線は水蒸気勾配が大きな収束線上に解析され，水蒸気勾配により特徴づけられることから水蒸気前線と呼ばれることもある（口絵 2 参照）．したがって，Moteki et al. (2004) が名づけたものと混同しないように注意してほしい．また，梅雨前線帯は，Moteki et al. (2004) の解析からもわかるように，多様な前線が形成する領域でもある．

6.2 梅雨前線帯の成層構造

前節では，梅雨前線帯の特徴を下層 925 hPa と中層 500 hPa の水平分布からみてみた．ここでは，西日本付近での梅雨前線帯の平均的な成層構造をみることにする．図 6.5 に，九州地方を横切る東経 130 度線に沿った 2001 年 6 月 19〜24 日の 6 日間で平均した相当温位 θ_e，比湿，相対湿度 RH および気温減率 Γ の南北鉛直断面図を示す．θ_e の鉛直断面図（図 6.5a）の地上付近をみると，2 つの太い矢印で示した間に顕著な θ_e の南北勾配が存在する．その領域が梅雨前線帯に対応する．梅雨前線帯の南側では対流不安定な成層になっているが，その北側では湿

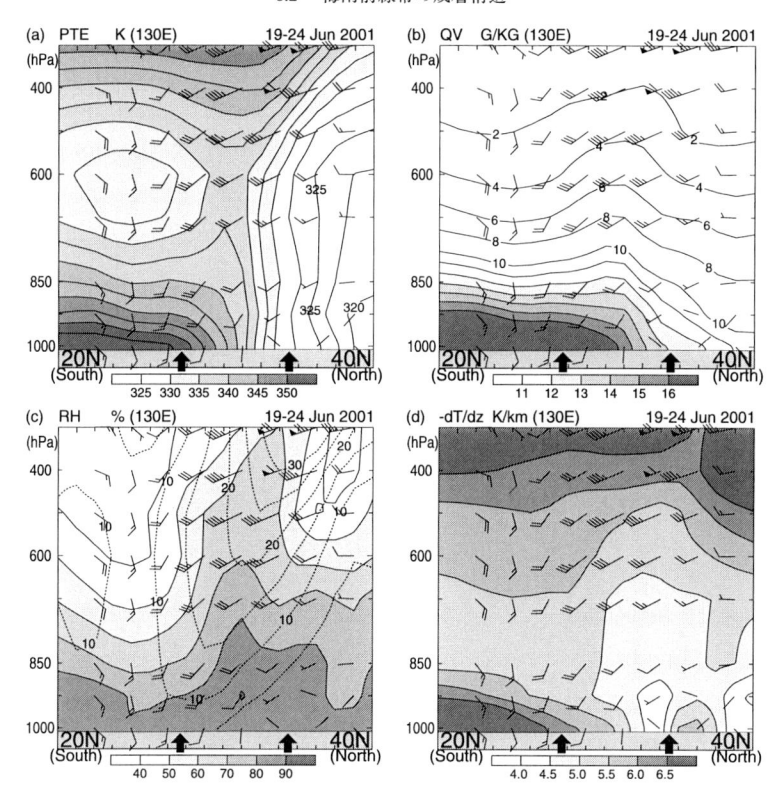

図 6.5 東経 130 度線に沿った (a) 相当温位，(b) 比湿，(c) 相対湿度と水平風速（破線），(d) 気温減率の南北鉛直断面図（2001 年 6 月 19～24 日の期間で平均）．全球客観解析データから作成．ペナント，全矢羽，半矢羽はそれぞれ，25 m s^{-1}，5 m s^{-1}，2.5 m s^{-1} の水平風速を示す（Kato et al., 2003 に加筆）．

潤大気は安定な状態にある．梅雨前線帯では対流活動により，湿潤大気でみると中立な成層，すなわち，θ_e が鉛直方向にほぼ一定な状態になっている．

比湿の鉛直断面（図 6.5b）をみると，16 g kg^{-1} 以上の湿った大気は，梅雨前線帯から南側に，かつ 850 hPa より下層（～高度約 1.5 km 以下）のみに存在している．その湿った大気は，南よりの風によって梅雨前線帯の北縁まで輸送されている（図 6.2b）．その一方，梅雨前線帯の北側では，地上付近でも比湿が 13 g kg^{-1} 以下であり，梅雨前線帯の北縁部分に顕著な水蒸気勾配が形成されている．

RH の鉛直断面図（図 6.5c）をみると，梅雨前線帯上には 60% 以上の湿った領域がかなり高い高度まで広がっている．この状態は，対流活動によって下層の水蒸気が持ち上げられることでつくられる．梅雨前線帯の南側には，600 hPa よ

り上空に50%未満の乾いた領域が広がっている．この乾いた領域は，太平洋高気圧にともなう沈降場によってつくられたものである．RHが小さくなるのは，上層の水蒸気量が少ない空気塊が下降すると，水蒸気量が保存する一方，式(2.19)より空気塊の温度が上昇（断熱昇温，adiabatic heating）するためである．梅雨前線帯の北側では，水蒸気量が極端に少なくなる（図6.5b）が，温度も下がるので下層のRH（図6.5c）でみる限り，梅雨前線帯の南北方向に変化は小さい．また，梅雨前線帯の北側の中層500 hPaより上空には，西風によって乾燥した空気塊が流入している．

Γの鉛直断面図（図6.5d）をみると，梅雨前線帯内の北縁（右側の太い矢印）付近で特にΓが小さく，500 hPa付近まで$\Gamma < 5.5$ K km^{-1}になっている．このことは，梅雨前線帯の北縁付近で対流活動が最も活発であり，通常，梅雨前線帯の北縁付近に対流活動と結び付けて梅雨前線が解析されることと整合している．その一方，梅雨前線帯内の南縁（左側の太い矢印）付近では，相対的に大気の安定度は低く（Γは大きく），積乱雲の潜在的発達高度が高くなる（3.8節参照）．また，非常に湿った空気塊が梅雨前線帯内に南から流入している．すなわち，梅雨前線帯内の南側では特に豪雨が発生しやすい環境場になっているということができる．

水平風速（図6.5cの破線）をみると，梅雨前線帯には，800 hPaから上空に15 m s^{-1}以上の強い西よりの風が吹いていて，その水平的な広がりも梅雨前線帯（図6.2d）に一致している．その強風域は梅雨期間中に常時みられ，梅雨ジェット（Baiu jet）もしくは下層ジェット（low-level jet）と呼ばれ，梅雨前線帯の1つの特徴となっている．また，梅雨ジェットにともなう強風域は，梅雨前線帯の北側，上層200〜300 hPaに存在する亜熱帯ジェット（subtropical jet）につながっている．

梅雨ジェットの形成過程は，以下のように考えられている（Nagata and Ogura, 1991; Kato, 1998）．対流活動によって，まず梅雨前線帯に流入する850 hPaより下層の南〜南西風が加速される．そして，加速された下層風は対流活動により上空に輸送されるとともに地球の回転（コリオリ）の効果で時計回りに風向を変える．これにより，梅雨前線帯上空に強い西風がつくり出される．また，豪雨の発生時には，活発な対流活動により下層風が著しく（30 m s^{-1}以上に）加速されて，梅雨ジェットを強化し，850〜700 hPa付近に強風軸が形成されることがある．

以上から，西日本付近で観測される梅雨前線帯上の南北鉛直構造の特徴は，口絵2のようにまとめられる．梅雨前線帯は，中国大陸もしくは東シナ海から伸び

る中層の RH の高い領域（湿舌；口絵2の赤い破線）に対応する．梅雨前線帯下層には，対流活動に必要不可欠な湿った空気塊が南から供給されている．その空気塊の厚みはたかだか 1.5 km である．この薄い湿った層の上空の大気は，太平洋高気圧にともなう下降流により乾燥化する．そのため，梅雨前線帯の南側での成層は，強い対流不安定な状態になっている．しかし，そこには下層の湿った空気塊を自由対流高度（LFC）まで持ち上げる外的な強制力（たとえば，高い山岳，総観スケールの擾乱）がないために強い対流活動は起こらない．梅雨前線帯の北側では，全層にわたって相対的に低温で，西風が卓越している．また，中層には乾燥した空気塊が流入している．天気図上では通常，梅雨前線は梅雨前線帯の北縁（θ_e の南北勾配の大きな場所）に解析される．θ_e は等圧の条件では温位と水蒸気量とで決まるので，梅雨前線帯の北側に存在する顕著な θ_e の南北勾配は主に水蒸気量勾配（図 6.5b）によりつくり出されている．このことから，水蒸気量の南北勾配が大きい領域に，通常，梅雨前線は解析されることになり，梅雨前線が水蒸気前線と呼ばれる所以となっている．そして，梅雨前線帯の上空には，対流活動により生じた強風域（梅雨ジェット）が存在している．

梅雨前線帯では，総観スケールの擾乱がともなわなくても豪雨がしばしば発生する．その発生過程について，梅雨前線帯の特徴（口絵2）から説明する．梅雨前線帯下層には南から湿った空気塊が流入し続けている．その空気塊の水蒸気量が大きくなればなるほど，LFC が低くなるとともに積乱雲の潜在的発達高度が高くなり，豪雨の発生する可能性が高まる．下層の非常に湿った空気塊が南から梅雨前線帯に流入すると，積乱雲が梅雨前線帯内の南側で発達し，積乱雲が組織化することでメソ対流系が形成する．これは，梅雨前線帯に存在する弱い上昇流でも空気塊が容易に LFC まで達することができるためである．そのような場合，積乱雲すらなかったところに青天の霹靂のごとく，メソ対流系が形成し，豪雨が発生することになる．

梅雨前線帯では，豪雨をもたらすメソ対流系の雲底高度は非常に低く（〜数百 m），その雲底下の大気の RH は 100% に近い．また，水蒸気の凝結にともなう潜熱エネルギーの解放によってメソ対流系の下層に低圧部が形成される（7.3節参照）．しかし，雨滴の蒸発による冷却がほとんど起こらないために，その低圧部が弱められることはない．この低圧部に吹き込むことで，下層風が加速されて南北の温度および水蒸気勾配を強化し，顕著な前線が形成される．梅雨前線帯内の南側にメソ対流系が突然形成される場合，その位置に気象庁の地上天気図では梅雨

前線が解析されることになる．このために，梅雨前線の解析は時間的に連続していないことがある．以上から，梅雨前線とは，対流活動の結果として，梅雨前線帯内で対流活動のいちばん活発な水蒸気，また θ_e 勾配の大きな領域に解析される前線ということもできる．

6.3 梅雨期の積乱雲の潜在的発達高度

梅雨期には，九州地方では桶をひっくり返したような豪雨がよく観測されるが，東日本ではしとしとと弱い雨が降り続く．また，豪雨は梅雨期の前半に少なく，後半に多い．このように地域や時期によって雨の降り方に違いが生じるのは，積乱雲の発達の程度によるところが大きい．積乱雲が圏界面付近（高度～15 km）まで発達すれば通常，強い降水が観測される．ここでは，梅雨期の前半と後半をそれぞれ6月と7月とし，積乱雲がどの高度まで発達できる環境にあるのかをみることにする．

3.8 節では，積乱雲の潜在的発達高度を用いて，積乱雲が発達しうる高度を説明した．この高度は，下層の空気塊を持ち上げ凝結高度まで乾燥断熱線に沿って持ち上げ，その後，湿潤断熱線に沿って持ち上げたときにおける浮力のなくなる高度（LNB）によって見積もられる．この LNB と 500 hPa の相対湿度 RH の関係を気象庁の領域客観解析データ（水平分解能 20 km，時間分解能 6 時間）から眺めてみる．

2001～2005 年の 6 月と 7 月における日本列島付近の海上と陸上別に，500 hPa の RH に対する LNB の出現頻度分布を図 6.6 に示す．LNB の出現分布に現れるピークは，下層 900 hPa 付近，中層 700 hPa 付近と上層 100～200 hPa の 3 つの高度に分類できる．6 月では，豪雨の要因となる上層のピークは非常に小さいことから，背の高い積乱雲の発生はまれであることがわかる．その一方，7 月では，上層のピークは大きく，豪雨をもたらす背の高い積乱雲が多数発生する可能性がある．すなわち，6 月には弱い雨が多く，7 月には強い雨が多いことが期待できる．

より上空まで積乱雲が発達できるかは，下層の相当温位 θ_e と大気の安定度（気温減率 Γ）で決まる（図 3.6 参照）．下層の θ_e が大きいか大気の安定度が低い（Γ が大きい）ほど，LNB は高くなる．7 月の日本付近における下層の平均気温は，6 月に比べて 2～3 K 高くなる．しかし，図 3.6 からその気温上昇では Γ が同じなら，700 hPa に現れていた LNB が 200 hPa になることはない．したがって，6

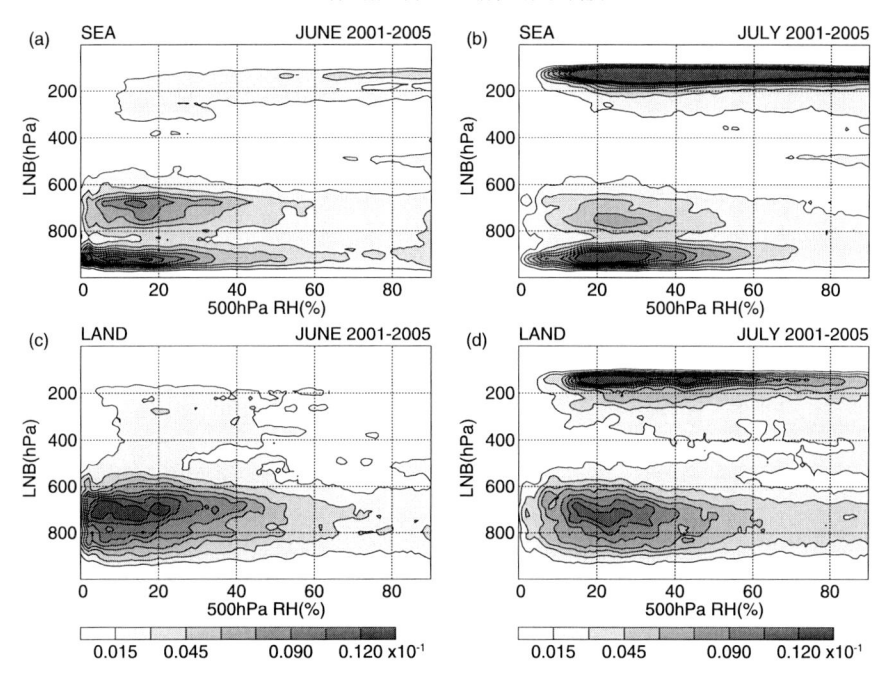

図 6.6 2001〜2005 年の (a) 6 月と (b) 7 月の日本付近（沖縄と北海道を除く）の海上での，500 hPa の相対湿度（RH：横軸）に対する下層で最大の相当温位をもつ空気塊を持ち上げたときの浮力がなくなる高度（LNB：縦軸）の出現頻度分布．領域客観解析データから作成．(c), (d) は 6 月と 7 月の日本付近の陸上におけるもの．数値は各軸を 100 等分したときの各格子に出現する割合（％）．積乱雲が発生する環境場をみるために，対流活動がすでに存在していると考えられる $RH > 90\%$ の領域は除外した（Kato et al., 2007）．

月と 7 月における LNB の出現頻度分布の違いを気温上昇だけでは説明することができない．以上から，その違いの原因は，大気の安定度の変化によるところが大きいと考えられる．

沖縄より南方の北西太平洋上では，LNB の出現頻度分布でのピークは，日本列島付近でみられた中層 700 hPa 付近には現れず，下層 900 hPa 付近と上層 100〜200 hPa のみにみられる（図略）．このことから，中層のピークは梅雨前線帯上に現れる特有のものであると考えられる．まず，そのピークの成因について説明する．

2001〜2005 年で平均した 6 月と 7 月の 500 hPa での RH の分布を図 6.7 に示す．6 月（図 6.7a）では，中国華南付近で RH が 60％ 以上と高くなっている．そのような中層の湿った状態は，その領域での活発な対流活動により生じたもので，

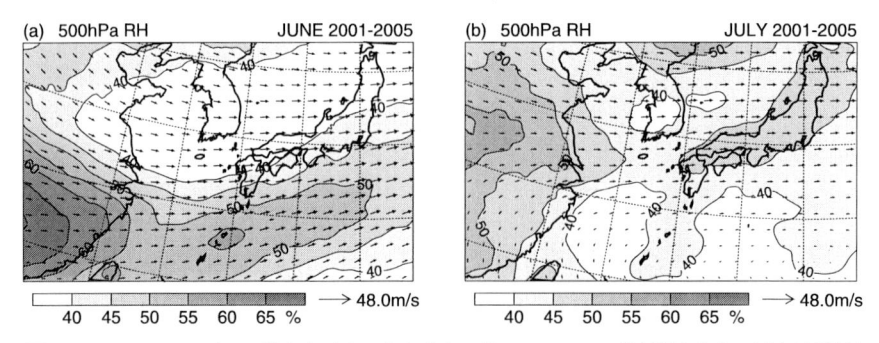

図 6.7 2001〜2005 年で平均した (a) 6 月と (b) 7 月の 500 hPa の相対湿度分布．領域客観解析データから作成．ベクトルで同レベルの水平風速を示す（Kato et al., 2007）．

同時に潜熱エネルギーの解放により中層の大気は暖められている．この中国華南付近で暖められた中層の空気塊が，上空の西南西風（図 6.7a）により日本列島上に流入すると，そこでの大気の安定度は高くなる．地上気温を 25℃，$\Gamma = 4.5$ K km^{-1} とすると，図 3.6 から LNB が存在する範囲は 700〜550 hPa となり，中層 700 hPa 付近に現れる LNB のピークの成因はおおむね説明できる．実際，豪雨がよく発生する梅雨前線帯内の南側を除いて，梅雨前線帯上での Γ は 4.5 K km^{-1} 程度である（図 6.3）．以上のように，梅雨前線帯での対流活動が，その下流域の積乱雲の発達（対流活動）を抑制している．このことは，7 月における中層 700 hPa 付近に現れる LNB のピークの成因でもある．また，九州地方と東日本との関係にもあてはまる．図 6.7b のように九州地方で対流活動が活発であれば，その風下にあたる東日本での RH が高く（大気の安定度が低く）なり，積乱雲が発達しづらくなる．

中層 700 hPa 付近のピーク（図 6.6）を詳しくみると，500 hPa の RH が 40% 以下の場合に，LNB が高い頻度で現れている．このような中層での大気状態は，乾燥した空気塊が北西から梅雨前線帯に流入することでつくられ，その流入は 6 月に顕著にみられる（図 6.7a）．また，中層 500 hPa 付近の乾燥した空気塊は，下降流により形成されることが多い．この場合，断熱昇温により大気は暖められ，飽和相当温位 θ_e^* は乾燥した空気塊が存在する高度より上空で高くなる．上空の θ_e^* が高くなると，下層から持ち上げた空気塊の θ_e と θ_e^* のプロファイルとの交点として求まる LNB（図 3.5 参照）は低くなり，乾燥した（暖かい）空気塊の流入高度より下層になることが多い．このことも，中層 700 hPa 付近に現れる LNB のピークをつくり出す成因の 1 つである．また，このような LNB に対する 500

hPa の RH との関係は，700 hPa の RH との間にはみられない．このことから，500 hPa の RH も積乱雲の発達をみる1つの指標と考えられる．500 hPa 付近の乾燥空気と豪雨との関係については，第8章で詳しく述べる．

つぎに，LNB の出現頻度分布（図 6.6）に現れる上層 100〜200 hPa でのピークの成因を説明する．7月になると，梅雨前線の北上にともない，6月に中国華南にあった活発な対流活動域も北上する．この北上は，500 hPa の高い RH の領域が中国華中に移動することに対応する（図 6.7b）．そのために，中国大陸上から日本列島上への対流活動で暖められた空気塊の流入する割合が減り，6月に比べて日本列島上の大気の安定度は低く（Γ は大きく）なることが多くなる．このように，大気の安定度が低くなることが上層のピークの成因である．参考までに，LNB が上層 100〜200 hPa に現れるためには，図 3.6 から地上気温を 25℃ とすると，$\Gamma > 6.0$ K km^{-1} が必要となる．

900 hPa 付近に現れる LNB の下層のピーク（図 6.6）は，海上のみにみられ，陸上には存在しない．このように LNB が下層に現れるためには，下層での RH が 100% に近く，Γ も湿潤断熱減率に近くなる必要がある（図 3.6 参照）．Γ が湿潤断熱減率に近くなるためには，3.5 節で述べたように θ_e が鉛直方向にほぼ一定でなければならない．このような成層状態は，海上につくられている海洋性の対流混合層で説明できる．海洋性の対流混合層とは，海面からの水蒸気の蒸発によってつくられた高度 1.5 km（〜850 hPa）付近までの湿った領域であり，たとえば，図 6.5c に梅雨前線帯に限らずみられる高度 1.5 km 付近までの RH の高い領域がそれにあたる．

その一方，陸上では日射（solar radiation，短波放射 *⁾ short wave radiation）により，温位がほぼ一定である大気境界層が高度 2 km 付近（〜800 hPa）まで発達する．温位がほぼ一定，すなわち Γ が乾燥断熱減率に近づくことで下層での大気の安定度が低くなり，背の高い積乱雲が発生しうる．このことは，図 3.6a で大気の安定度が低く（Γ が大きく）なると高い LNB が存在することから確かめられる．したがって，陸上では下層のピークは存在せず，梅雨期での積乱雲の発達しうる高度は，主に中層 700 hPa 付近か上層 100〜200 hPa に現れることになる．

日射だけでなく，長波放射 *⁾（long wave radiation）によっても，下層大気の状態に顕著な日変化がもたらされる．この日変化が，積乱雲の発生や発達高度にどのような影響を与えているのだろうか．2001〜2005 年の 6, 7 月の 2 カ月間の 9時，15 時，21 時，3 時の日本付近における，海上と陸上での LNB の出現頻度分

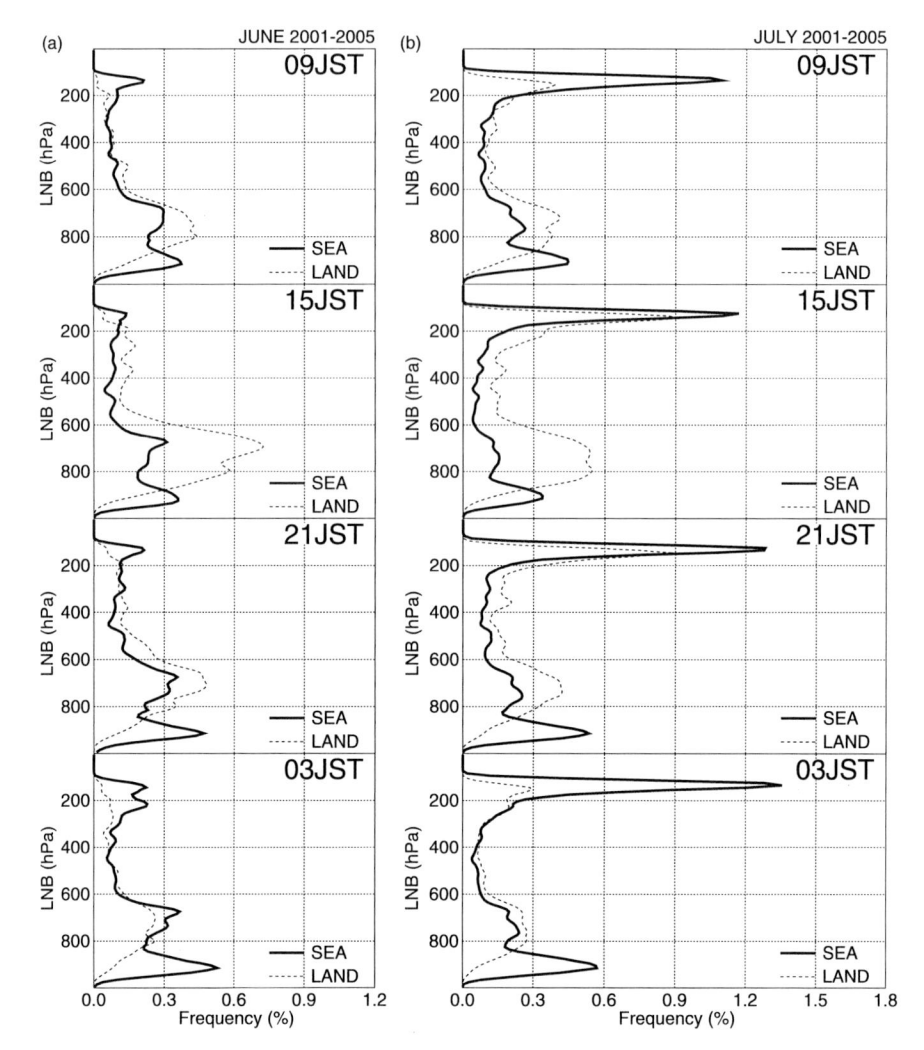

図 6.8 2001〜2005 年の (a) 6 月と (b) 7 月の海上（実線）と陸上（破線）における 9 時, 15 時, 21 時, 3 時での, 下層で最大の相当温位をもつ空気塊を持ち上げたときの浮力がなくなる高度（LNB：縦軸）の出現頻度分布. 領域客観解析データから作成. 頻度の数値は縦軸を 100 等分したときの各層に出現する割合（%）(Kato et al., 2007).

布を図 6.8 に示す.

*) 詳細な説明は，小倉（1999）などを参照.

海上の分布（図 6.8 の実線）をみると，上層と中層のピークには時刻による顕著な違いはないが，下層のピークでは夜間（21 時と 3 時）の方が日中（15 時）に比べて 1.5〜2 倍頻度が高い．このことは，下層での鉛直方向にほぼ一定な θ_e の層が日中には解消され，夜間には形成される傾向にあることを裏づけている．この下層のピークをつくり出すものの多くは，海上で早朝に現れる層積雲（stratocumulus）であると考えられる．陸上の分布（図 6.8 の破線）をみると，海上より顕著な日変化がみられ，6 月では中層，7 月では中層と上層で，日中にピークの頻度が高くなる．逆に，夜明け前（3 時）の頻度は低くなる．この原因は，日中では地表面が日射により暖められ，夜間は長波放射により冷やされるので，それにより下層大気の成層状態が顕著な日変化をするためである．ここで，日射や長波放射により下層の気温が日変化しても，ピークの高度にほとんど日変化がないことに注目してほしい．このことは，LNB の高度に対する下層気温の影響はあまり大きくないことを意味している（図 3.6b）．

このように，日本付近の積乱雲の潜在的発達高度をみることで，梅雨期前半と後半での雨の降り方の違いや積乱雲の発生に日変化が存在することが理解できる．次節では，実際の梅雨期の前半と後半での豪雨の例をあげて，本節で述べたことと重ね合わせて考える．また，6.5 節では，梅雨期にみられる降水の日変化と豪雨との関係を統計的に述べる．

6.4 梅雨期前半・後半での豪雨の具体例

2004 年 7 月と 2005 年 6 月に，2 年連続して新潟地方で豪雨が発生した．梅雨期の豪雨は 7 月に発生することが多いが，このように 6 月に発生することもある．この 2 つの豪雨のケースを梅雨期前半（6 月）と後半（7 月）に発生した具体例として，前節で述べたことと照らし合わせてみてみる．

2004 年 7 月 13 日と 2005 年 6 月 28 日の 6〜12 時の積算降水量分布を図 6.9 に示す．2004 年のケース（図 6.9a）では，幅が 20〜30 km の線状の降水域がみられ，その東側で降水量が著しく多く，200 mm を超えている．このように降水量の多い領域は非常に狭く，限られた場所に文字どおり集中豪雨がもたらされたことを示している．その一方，2005 年のケース（図 6.9b）では，2004 年のケースほど顕著な降水の集中はみられず，降水量の多い領域（> 50 mm）がかなり広範囲に広がっている．顕著な降水の集中がみられなかったのは，2004 年のケースでは線状降水帯がほとんど同じ位置に停滞していた一方，2005 年のケースでは線状

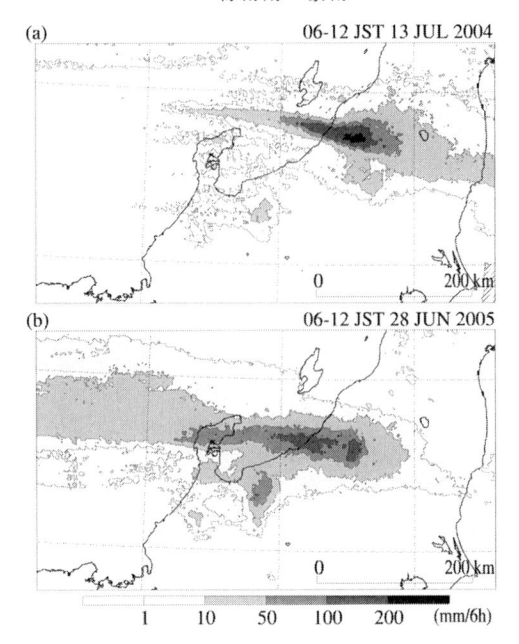

図 6.9 (a) 2004 年 7 月 13 日と (b) 2005 年 6 月 28 日の 6〜12 時の 6 時間積算降水量分布.

降水帯が徐々に南下したためである.また,最大降水量は 100 mm 超で 2004 年のケースの半分程度であるが,線状降水帯がもたらした総降水量は 2004 年のケースと同程度である.

　台風と直接関係しない限り,災害を引き起こす豪雨の大半は線状降水帯によってもたらされている(第 1 章参照).2004 年のケースでは降水が集中することで多くの災害がもたらされたが,2005 年のケースではそれほどではなかった.このような違いを生じさせた要因は何なのだろうか.まず,線状降水帯に供給される水蒸気量を考える.下層 950 hPa の相当温位(図略)をみると,2 つのケースとも 20 m s^{-1} 以上の西よりの風で,水蒸気量 16 g kg^{-1}(相当温位 345 K)を超える空気塊が線状降水帯の発生した領域に供給されていた.その水蒸気量(水蒸気量 × 速度)がほぼ等しいことから,線状降水帯がもたらした総降水量は同程度であることが推測できる.しかし,これからだけでは,ある特定の場所に 200 mm を超える降水量をもたらすことは説明できない.ここでは,積乱雲の潜在的発達高度からそのことを考えてみる.すなわち,2 つのケースでその高度にどのような違いがあったかをみてみる.また,豪雨をもたらす原因の 1 つである線状降水

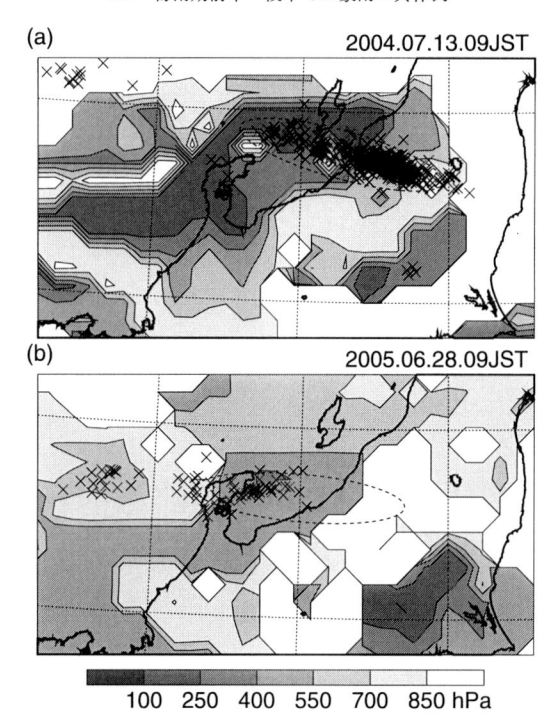

図 6.10 新潟地方に豪雨をもたらしたときの (a) 2004 年 7 月 13 日 9 時と (b) 2005 年 6 月 28 日 9 時での,下層で最大の相当温位をもつ空気塊を持ち上げたときの LNB の水平分布図.領域客観解析データから作成.破線で線状降水帯の観測位置,×印で前後 6 時間に観測された雷放電の発生場所を示す (Kato et al., 2007).

帯の停滞メカニズムについては,次章で詳しく述べる.

2004 年と 2005 年のケースにおける,下層で最大の相当温位をもつ空気塊を持ち上げたときの LNB の水平分布を図 6.10 に示す.2004 年のケースでは,LNB は線状降水帯の西側の広範囲の領域で 250 hPa より高い.一方,2005 年のケースでは,LNB は線状降水帯の西側(能登半島の東側)の限られた領域で 400 hPa より高くなっているものの,線状降水帯の他の領域では 400 hPa 以下である.このことから,2004 年のケースでは積乱雲が発達しやすい環境で,背の高い積乱雲が発生し,特に強い降水がもたらされたことがわかる.それに対して,2005 年のケースでは LNB が高くないことから,背の高い積乱雲が発生できなかったことが推測される.

ここで，積乱雲の発達の程度を雷放電の発生からみてみる．雷を発生させるための電荷は -10°C以下の高度（梅雨期では約 6 km）でのあられと雲氷または雪の衝突によって生じる（Takahashi, 1984）．このことから，積乱雲がその高度まで発達しないと雷放電は発生しないと考えられる．雷放電が発生した場所（図 6.10 の×印）をみると，2004 年のケースでは線状降水帯の領域で大量に観測されている．その一方，2005 年のケースでは 100 mm h^{-1} を超える降水量の領域にはほとんど雷放電が観測されていない．すなわち，2004 年のケースでは多くの積乱雲が高度約 6 km 以上に発達したが，2005 年のケースでは積乱雲の発達高度は低かったと推測される．

実際のケースをみても，梅雨期の前半と後半で平均的な降水量に違いがなくても，雨の降り方に違いがある．前節で述べたように，その違いの主たる原因は積乱雲の発達高度であり，その発達高度は積乱雲が発生する領域の風上側での対流活動に強く依存しているのである．

6.5 早朝に多い豪雨－降雨の日変化

降雨が日変化することはよく知られている．たとえば，夏の雷雨などがそのよい例である．また，降雨の日変化については，陸上では日射により地表面が加熱され，積乱雲が発生・発達して午後に降雨のピークが現れる．その一方，海上では，夜間から早朝に，そのピークが顕著に現れることが指摘されている（Nitta and Sekine, 1994; Misumi, 1999）．このような日変化は，積乱雲の潜在的発達高度におけるもの（図 6.8）とほぼ整合的である．また，図 1.1 に示した 14 の豪雨の事例をみると，9 事例で 3～9 時に豪雨が発生している．このことから，多くの豪雨が早朝に発生していることがわかる．ここでは，梅雨期の九州地方での降水の日変化を中心に，海上で夜間から早朝に現れる降水のピークをつくり出す要因について考えてみる．

まず，東アジア域における降水のピークが現れる時刻について，気象レーダーを搭載した熱帯降雨観測（TRMM, Tropical Rainfall Measuring Mission）衛星による数年間の観測データを統計的に調べた結果（口絵 3）からみてみる．大陸や大きな島の内陸部では，午後（おおむね 14～18 時）に降雨のピークがある．一方，海岸線に近い海上では，夜間から朝（おおむね 0～8 時）にピークがある．このように，陸上と海上とでは異なる降雨の日変化をしていることがわかる．

それでは，梅雨期の日本列島付近ではどうだろうか．梅雨期における九州を含

6.5 早朝に多い豪雨 — 降雨の日変化

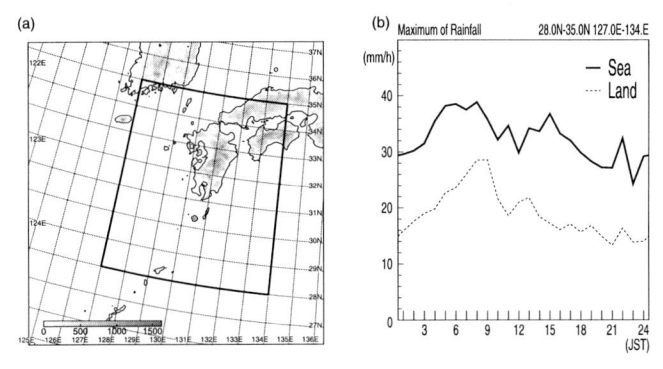

図 6.11 (a) 統計領域（太い実線内）と (b) 統計領域内での最大前1時間降水量の日変化（実線：海上，点線：陸上）．1996年の梅雨期間（6月15日〜7月8日）を対象に，レーダー・アメダス解析雨量を平均して作成した（栗原・加藤，1997）．

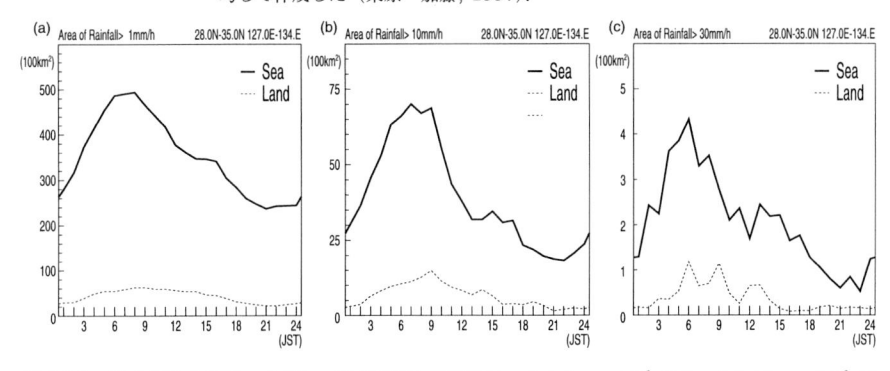

図 6.12 図 6.11b と同じ．ただし，降水面積の日変化で，(a) $1\,\mathrm{mm\,h^{-1}}$ 以上，(b) $10\,\mathrm{mm\,h^{-1}}$ 以上，(c) $30\,\mathrm{mm\,h^{-1}}$ 以上の降水面積（栗原・加藤，1997）．

む領域（図 6.11a の太い実線内）での降雨の日変化を統計的にみてみる．統計領域内での最大前1時間降水量の日変化を図 6.11b に示す．海上（図 6.11b の実線）では，大きなピークが朝の8時と午後の16時にある．陸上（図 6.11b の点線）では，朝のピークは海上より1時間ほど遅く現れ，夕方のピークは逆に3時間ほど早く現れている．また，海上だけでなく，陸上でも降水強度は朝の方が午後よりも強い．さらに，降水強度をみても海上の方がかなり強いので，降水は海上によるものが支配的であることがわかる．以降，海上での降水の日変化に着目する．

降雨の強度別に降水の日変化をみてみる．図 6.12a〜c に弱雨（$1\,\mathrm{mm\,h^{-1}}$ 以上），中くらいの雨（$10\,\mathrm{mm\,h^{-1}}$ 以上），強雨（$30\,\mathrm{mm\,h^{-1}}$ 以上）の平均降水面積の日変化を示す．どの強度の降水においても，海上では朝（7〜9時）に大きな

ピークがあり,弱雨を除いて午後 (13～15 時) に小さなピークがある.また,日変化の振幅 (= 最大値と最小値の比) は,強雨ほど大きい.このことは,強雨ほど朝に高頻度で発生することを意味していて,「豪雨は早朝に発生する場合が多い」という経験的な事実と整合的である.

それでは,梅雨期に発生する豪雨はどうして早朝に多いのだろうか.このことを,非静力学雲解像モデル (NHM) の結果を用いて説明する.NHM で再現された梅雨期の九州付近における総降水量の日変化を図 6.13 に示す.大気放射 (日射と長波放射) を考慮した場合 (図 6.13 の太い実線),予想結果はレーダー・アメダス解析雨量による降水の日変化とほとんど一致している.しかし,大気放射を考慮しない場合 (図 6.13 の細い実線),降水のピークが現れる時刻が 2 時間遅くなり,午後の降水量が過大評価になっている.なお,この結果は氷相の影響を降水過程から除外したものであるが,その影響の小さいことは別途調べられている.

このことから,大気放射が早朝の豪雨形成に強く関わっていることがわかる.ここで,大気放射の影響について具体的に述べる.梅雨前線帯の上空では,図 6.1 に示してあるように雲に覆われている.その雲の上部が日中には日射により暖められ,夜間には長波放射により冷やされる.その結果,夜間は雲の存在する領域

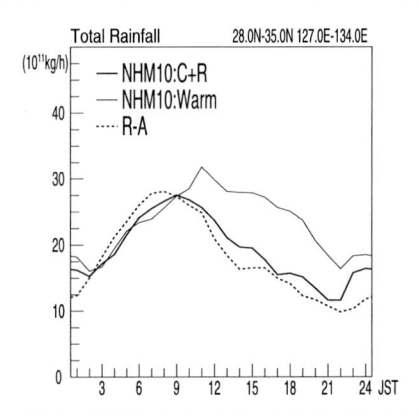

図 6.13 1996 年の梅雨期 (6 月 20 日～7 月 10 日) での九州付近で観測された総降水量の日変化.統計領域は図 6.11a と同じ.破線はレーダー・アメダス解析雨量,太い実線は大気放射を考慮して氷相まで含む雲物理過程を用いた水平分解能 10 km の非静力学雲解像モデル (NHM10) での予想結果,細い実線は大気放射を考慮せず氷相を含まない雲物理過程を用いた NHM10 での予想結果 (Kato et al.,1998 に加筆).

で大気の安定度が低く（気温減率が大きく）なり，積乱雲の潜在的発達高度が高くなる（3.8 節参照）．逆に，日中は逆のことが起こり，積乱雲が発達しづらくなるのである．

7
豪雨のメカニズム－バックビルディング型豪雨－

　第5章では積乱雲が繰り返し発生・発達することで豪雨になることを述べ，第6章では梅雨期における豪雨が発生する環境場について説明した．また，第5章では積乱雲，メソ対流系，大規模場の擾乱の相互作用についても言及した．それらから明らかになった豪雨発生の必要条件は，下層大気の水蒸気量が多いこと，CIN（自由対流高度まで下層の空気塊を持ち上げるために必要なエネルギー）が小さいこと，LNB（積乱雲の潜在的発達高度）が高いこと，大規模場の下層風収束が存在することなどである．

　また，第1章で示したように，多くの豪雨は長期間停滞する線状降水帯によりもたらされ，それらは複数の積乱雲で構成されたメソ対流系により形成される．それでは，上で述べた必要条件が満たされたときに，どのようにして線状降水帯を形成するメソ対流系がつくり出されるのだろうか．ここでは，図1.1で示した中で，停滞していた梅雨前線上で発生した1998年新潟豪雨のケース（図1.1b）と寒冷前線上で発生した1999年福岡・広島豪雨のケース（図1.1e）を例として，豪雨をもたらすメソ対流系の発生・停滞・維持メカニズムについて詳しく説明する．なお，これらのメカニズムは非静力学雲解像モデル（NHM；付録A-4参照）を用いた豪雨の再現実験の結果に基づいて解明されたものである．

　ところで，5.3節で述べたように，多くの豪雨のケースでは，下層の風上側で積乱雲が次々と発生し続けることで豪雨がもたらされる．このような豪雨をバックビルディング型豪雨という．日本周辺域で，線状降水帯によりもたらされた豪雨はほとんどこのタイプのものである．このバックビルディング型豪雨の特徴について，本章で詳しく述べることにする．また，地形性豪雨における豪雨の発生メ

カニズムについても説明する．地形性豪雨は，大規模場の下層収束の代わりに山岳による滑昇流や地峡による上昇流などによって，下層の空気塊が自由対流高度まで持ち上げられることで発生する．

7.1 豪雨の発生機構

豪雨をもたらすメソ対流系の多くは，大規模場の擾乱で特徴づけられる環境場の中で発生する（第5章参照）．したがって，豪雨の発生を理解するためには，まず地上天気図などで環境場を調べる必要がある．本節と次節では1998年新潟豪雨を例に，まず豪雨が発生した環境場を示し，NHM の再現実験の結果から豪雨の発生メカニズムおよび豪雨を引き起こすメソ対流系の停滞メカニズムについて説明する．

1998年8月4日の早朝に発生した新潟豪雨では，新潟市で最大1時間降水量97 mm を記録し，その周辺では日降水量が200 mm を超えた．同日の3〜8時の

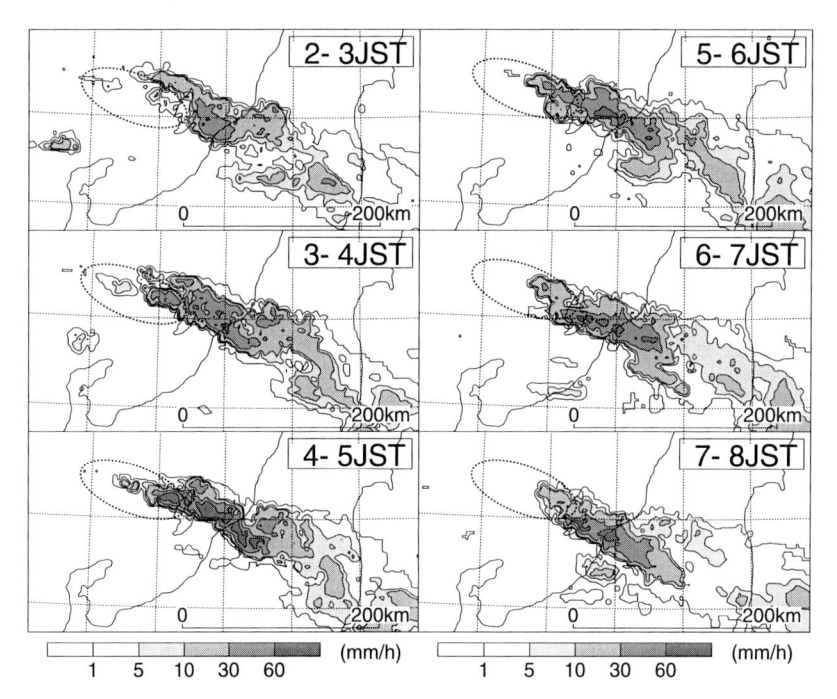

図 **7.1** 1998年8月4日3〜8時のレーダー・アメダス解析雨量から見積もった前1時間降水量分布．

降水量分布を図 7.1 に示す．3 時頃に西北西から東南東方向に伸びる線状降水帯が佐渡島の西方約 100 km を先端として形成され，数時間ほぼ同じ位置に停滞することで豪雨が引き起こされた．

前日の 8 月 3 日 21 時の地上天気図と 500 hPa の高層天気図を図 7.2 に示す．地上天気図（図 7.2a）をみると，太平洋高気圧が西日本を広く覆い，すでに西日本から関東地方にかけては梅雨が明けていた．一方，梅雨前線は新潟付近を横切り，東西方向に伸びて停滞していた．高層天気図（図 7.2b）をみると，気圧の峰（破線）が能登半島から本州の日本海側に沿って北北東に伸び，日本列島に近づく気圧の谷は存在しなかった．したがって，この事例では停滞していた梅雨前線付近，すなわち 6.1 節で説明した梅雨前線帯上で積乱雲が繰り返し発生したために豪雨になったと推測できる．

まず，湿潤大気での保存量である相当温位 θ_e から大気の不安定（対流不安定）度をみてみる．豪雨が発生する直前の 8 月 4 日 0 時の下層 0.36 km と中層 4.26 km の相当温位 θ_e の分布を，それぞれ図 7.3a, b に示す．中層の高 θ_e 領域（$\theta_e > 340$ K の領域）は梅雨前線付近で発生した積乱雲によって下層の高 θ_e の空気塊が鉛直方向に輸送されてできたもので，その結果，その領域での対流不安定度は低くなっている．この中層の高 θ_e 領域が梅雨前線帯に対応し，梅雨前線（図 7.2a）はその領域の北東縁に解析されていた．つぎに，下層 0.44 km での鉛直流場（図 7.3c）をみると，佐渡島と能登半島の間に北西から南東に伸びる上昇域（濃い影の部分）

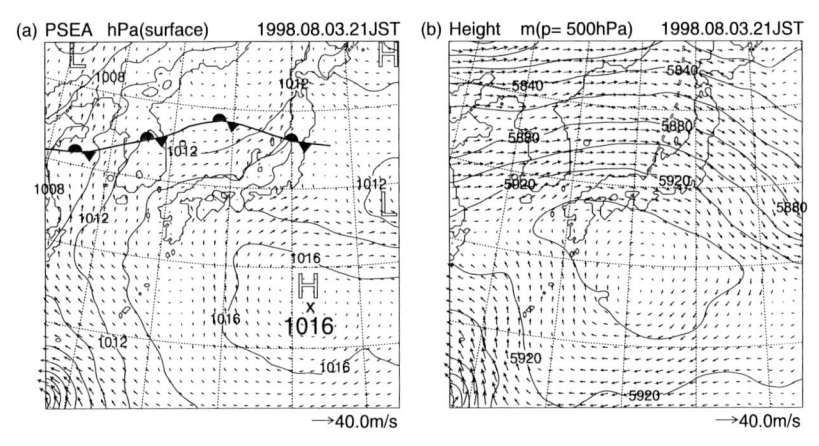

図 7.2 1998 年 8 月 3 日 21 時の (a) 地上天気図と (b) 500 hPa の高層天気図．(b) の等値線は高度，破線は気圧の峰を示す（Kato and Goda, 2001）．

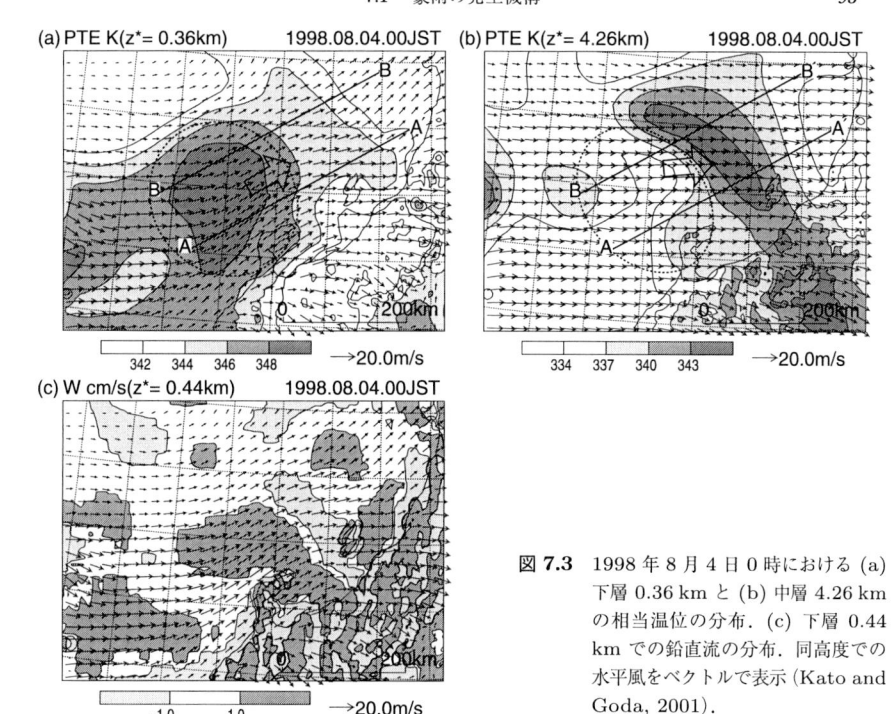

図 7.3 1998 年 8 月 4 日 0 時における (a) 下層 0.36 km と (b) 中層 4.26 km の相当温位の分布．(c) 下層 0.44 km での鉛直流の分布．同高度での水平風をベクトルで表示 (Kato and Goda, 2001).

が存在していて，梅雨前線帯の南西側の下層は弱い風の収束場であったことがわかる．

　梅雨前線帯の南西側（図 7.3a, b の破線の楕円の領域）における大気の成層状態をみると，南西風が卓越する下層には 348 K 以上の高 θ_e の空気塊が，西南西風が卓越する中層には 334 K 以下の低 θ_e の空気塊が存在していた．数時間後にこの 2 つの空気塊が梅雨前線帯に流入し，その場所での対流不安定度が強化されることが考えられる．さらに，梅雨前線帯の下層に流入した空気塊が下層風の収束域に存在する上昇流によって自由対流高度に持ち上げられ，積乱雲が発生したことが推測される．水平分解能 5 km の NHM（5 km-NHM）ではこの豪雨をかなりよく再現できたので，その結果から積乱雲が発生した過程について確かめてみる．図 7.3 の梅雨前線帯を横切る線分 A–A′ と線分 B–B′ に沿った，5 km-NHM で予想された θ_e の鉛直断面を図 7.4 に示す．2 時（図 7.4 の上図）の断面には，θ_e が鉛直方向に一定に近い領域（$\theta_e > 340$ K）がみられ，この領域が梅雨前線帯にあたる．その梅雨前線帯下層をみると，線分 A–A′ 上（図 7.4a）には弱い上昇流

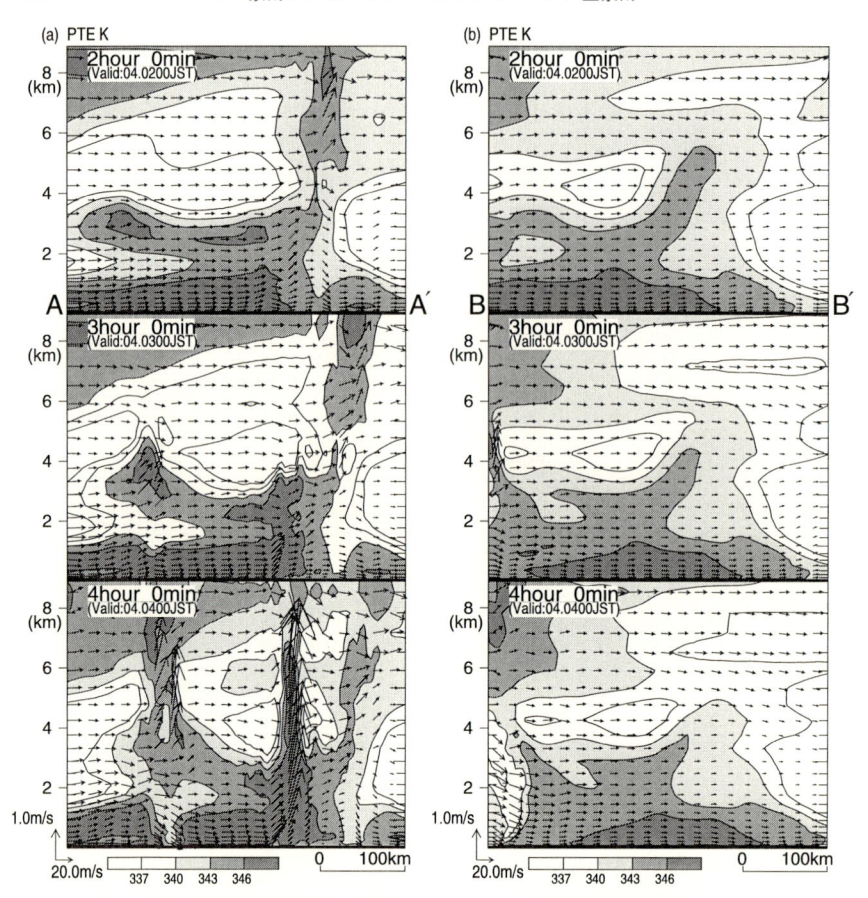

図 7.4 図 7.3 の (a) 線分 A–A′ と (b) 線分 B–B′ に沿った 5 km-NHM で予想された 8 月 4 日 2 時, 3 時, 4 時の相当温位の鉛直断面図. ベクトルは断面図に投影された風を示す. 図左下のベクトルで鉛直と水平方向の速度を示す (Kato and Goda, 2001).

が存在している一方, 線分 B–B′ 上 (図 7.4b) には注目できるような上昇流は存在していない. また, 両線分上ではともに下層の高 θ_e の空気塊と中層の低 θ_e の空気塊の流入により, 梅雨前線帯の南西側で対流不安定度が強化されている.

積乱雲は強い上昇流をともなうことから, ここでは, NHM が予想した強い上昇流域で積乱雲の存在を判断する. 線分 A–A′ 上では, 3 時には下層の空気塊が自由対流高度まで持ち上げられて梅雨前線帯で積乱雲が発生し, 4 時には積乱雲は高度 8 km 以上に発達している. 一方, 線分 B–B′ 上では, 3 時に下層に高 θ_e の空気塊が流入しているにもかかわらず積乱雲は発生していない. この理由は,

線分 B–B′ 上では梅雨前線帯の下層風収束が弱いので，下層の高 θ_e の空気塊を自由対流高度まで持ち上げられなかったためである．すなわち，豪雨をもたらす積乱雲が発生するためには，下層に高 θ_e の空気塊が流入することが必要条件であるが，十分条件ではないことがわかる．

また，豪雨が発生するためには，下層の空気塊を自由対流高度まで持ち上げることができるだけの下層風収束場が必要不可欠である．このような収束場は，大規模場の擾乱によってつくり出される環境場によって提供される．具体的には，表 1.2 でまとめられている停滞前線として解析される梅雨前線（梅雨前線帯）や寒冷前線などに下層風収束場が存在している．また，7.5 節で説明する山岳にともなう滑昇流が下層の高 θ_e の空気塊を自由対流高度まで持ち上げる役割を果たすことがある．

7.2 メソ対流系の停滞機構

豪雨になるためには単発的に積乱雲が発生するだけでは不十分で，まず 5.4 節で述べたように積乱雲が組織化してメソ対流系をつくり出す必要がある．そして，複数のメソ対流系によって線状降水帯が形成されることで豪雨となる．また，線状降水帯がある特定の場所で停滞することで，集中豪雨は引き起こされる．ここでは，豪雨を引き起こす線状降水帯（表 1.1）の中で，停滞前線として解析されている梅雨前線上やその南側 100〜200 km に発生する降水帯（パターン 3, 4）の停滞メカニズムについて，前節で述べた 1998 年新潟豪雨のケースを例として，NHM での再現結果をもとに説明する．これらのパターンは，他に比べて線状降水帯の形成位置が特定しにくい．

図 7.1 を詳細にみると，2〜4 時にかけて降水域は一度西方に伸びて，その伸びた部分は 6 時頃までに消滅した（破線の楕円の領域）．これは，西方に伸びた領域に存在していたメソ対流系が 6 時まで東南東に移動し，その後停滞したためである．それでは，どのようにしてメソ対流系が停滞するに至ったのだろうか．その過程を説明するために，積乱雲が発生する下層風収束の位置を考えてみる．なぜなら，その位置がメソ対流系の位置を決めるからである．

まず，5.2 節で述べた冷気外出流をつくり出す雨水の蒸発の影響を考えてみる．この場合，線状降水帯が発生した梅雨前線帯の下層は非常に湿っているので，雨水の蒸発はほとんど起こらず（6.1 節参照），また南北の温度傾度も非常に小さい．そのような領域では，雨水の蒸発によりつくり出される冷気外出流は非常に弱い．

ここで，密度差によって生じる大気の流れ（重力流，gravity current）の理論から冷気外出流の大きさを見積もってみる．冷気外出流の速度 c_g は領域が水平方向に無限大に広がっていると仮定することで

$$c_g = a\sqrt{gh\frac{\Delta\theta}{\theta}} \qquad (7.1)$$

で表現される．ここで，a は 0.7～1.4 程度の定数であり，g は重力加速度，h は冷気層の厚さ，θ は温位，$\Delta\theta$ は冷気層と周囲との温位差である．線状降水帯付近での冷気層の厚さを地表から雲底までの高さと考え，温位差を梅雨前線帯に存在する温位傾度から推定する．その推定では，$h\sim200$ m，$\theta\sim300$ K，$\Delta\theta\sim1$ K となるので，$c_g = 2\sim3$ m s^{-1} となり，冷気外出流の速度は非常に遅いことがわかる．したがって，雨水の蒸発の影響（冷気外出流）により，梅雨前線帯での下層風収束の位置はほとんど移動しないことがわかる．

参考までに，夏期に発生する熱雷のケースでの冷気外出流の大きさを見積もってみる．下層大気は高温でかつ乾燥しているので，熱雷にともない降水があると 10 K 近く気温が低下することがある．また，雲底高度も梅雨期の積乱雲よりもかなり高い．たとえば，$h > 1$ km，$\Delta\theta > 5$ K とすると，式 (7.1) から冷気外出流の速度は 10 m s^{-1} を超える．このような速い冷気外出流により，山間部で発生した降水域（メソ対流系）が平野部に速い速度で移動する様子がよく観測される．

冷気外出流以外に下層風収束の位置を移動させるものとして，メソ対流系の流入側の下層風を考える必要がある．下層風が存在する中で，メソ対流系が停滞するには，流入する下層風のすべての運動量が自由対流高度（LFC）より上方に輸送される必要がある．

8 月 4 日 3～6 時の下層 0.36 km の 5 km-NHM で予想された水平発散（負値）・収束（正値）の分布を図 7.5b に示す．3 時（図 7.5b の上図）では，下層風収束は，すべての下層の空気塊が収束帯を横切る間に LFC まで持ち上がるほどの強さではないので，約 10 m s^{-1} の速度で東方向に移動した．その後，水平収束がしだいに強まり，下層風収束域の動きは徐々に遅くなった．この下層風収束の強化は，積乱雲の発達により大量の潜熱エネルギーが放出されることで大気が暖められた結果である．すなわち，浮力が生じることで積乱雲内に大きな上昇流がつくられるためである．6 時（図 7.5b の下図）には下層風収束の大きさは佐渡島の北西沖で 12×10^{-4} s^{-1} 程度になり，下層風収束域はそれ以降ほぼ同じ位置に停滞した．このように下層風収束が強化されることにより，線状降水帯が佐渡島と新

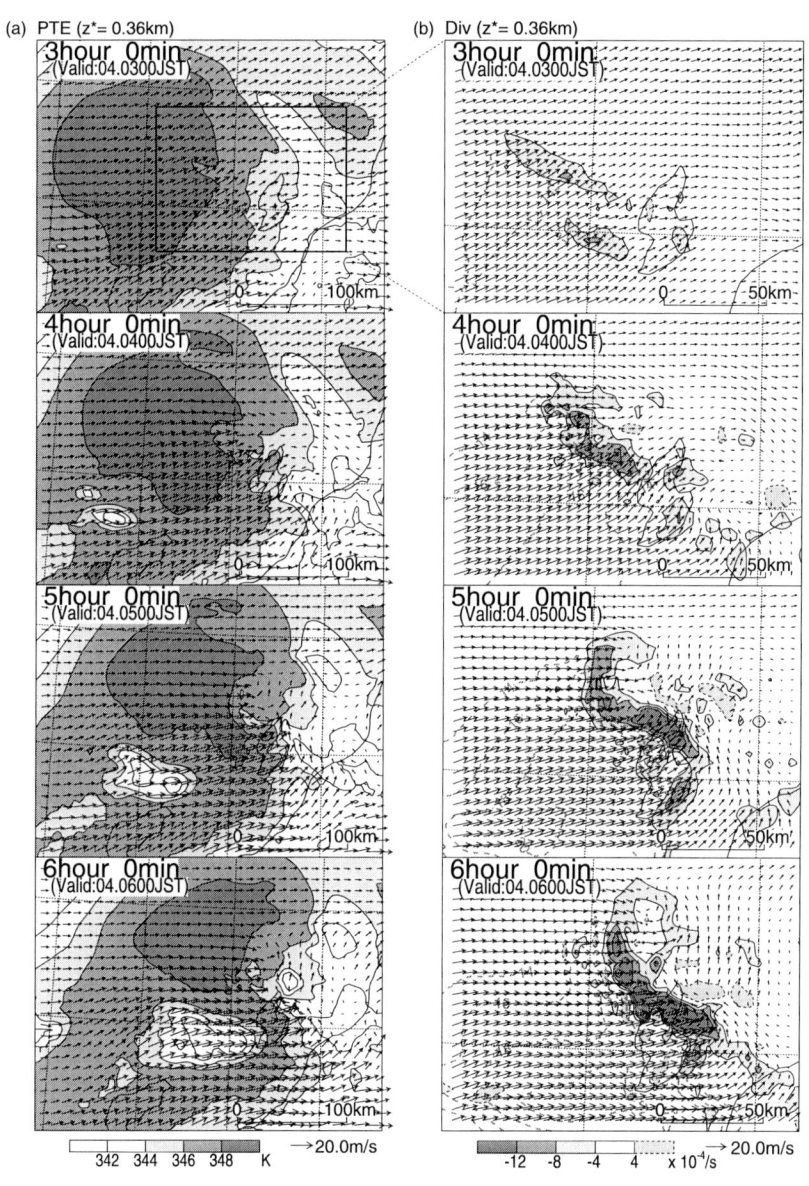

図 **7.5** 5 km-NHM で予想された 8 月 4 日 3~6 時の下層 360 m の (a) 相当温位と (b) 水平発散（負値）・収束（正値）の分布．地表付近の水平風をベクトルで示す．また，(b) には破線の等値線（14 m s^{-1} 以上についてのみ）で風速を示す（Kato and Goda, 2001）．

潟地方の間に長時間停滞した．また，このような下層風収束の強化により，下層風収束域を挟んで θ_e の勾配が徐々に大きくなっている（図 7.5a）．5 時以降，θ_e が保存量であることから，下層の空気塊は収束域を横切る間に上空に持ち上げられていることがわかる．

次に，下層風収束によりすべての下層の空気塊（運動量）が，メソ対流系を横切る間に上空に持ち上がって（輸送されて）いたかどうかを確かめてみる．水平分解能 2 km の NHM（2 km-NHM）が予想した降水帯を横切る水平発散の鉛直断面および全収束・発散量を図 7.6 に示す．なお，全収束・発散量（図 7.6b）は断面図内の水平方向に収束・発散をそれぞれ積分したもので，単位は距離がかかるので風速になる．図 7.6a の風ベクトルの向きと 12.5 m s^{-1} の水平風速の等値線（破線）をみることで，メソ対流系内の上昇流により，下層の運動量が上層に

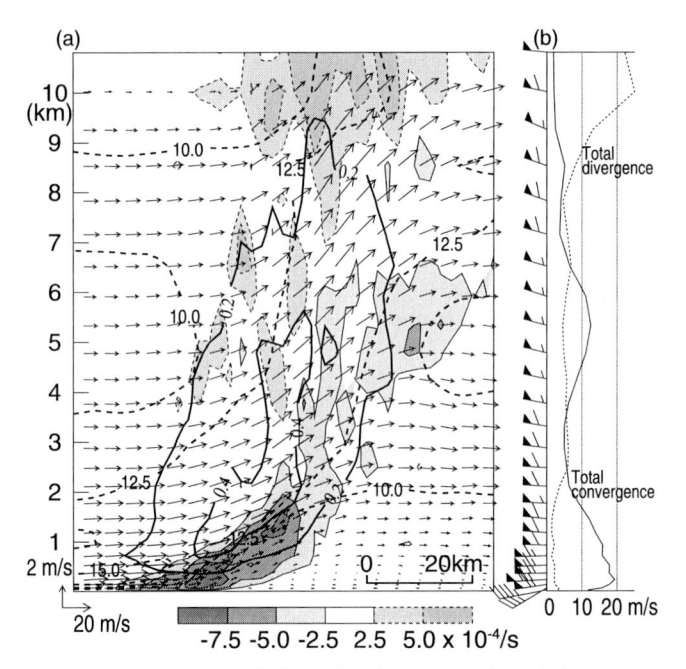

図 7.6 (a) 線状降水帯が停滞した時間帯における，水平分解能 2 km の NHM が予想した降水帯を横切った水平発散の鉛直断面図．実線の等値線は雲水の混合比（g kg^{-1}），破線の等値線は水平風速を示す．ベクトルは断面図に投影された風ベクトル．(b) 全収束（実線）・発散（破線）量．矢羽（半矢：1 m s^{-1}，全矢：2 m s^{-1}，ペナント：10 m s^{-1}）で平均風速を示す（Kato and Goda, 2001）．

輸送されていることがわかる．この上昇流域は，$0.2 \mathrm{~g~kg}^{-1}$ の雲水の混合比の等値線で表されるメソ対流系にほぼ対応する．全収束量（図 7.6b の実線）をみると，高度 2 km より下層では $10 \mathrm{~m~s}^{-1}$ 以上であり，特に高度 1 km 付近では $15 \mathrm{~m~s}^{-1}$ を超える．全収束量と流入側の水平風速（図 7.6a）が下層で一致することから，下層の運動量はすべて収束帯を横切る間に上層に輸送されることがわかる．

また，高度 5 km 付近の全収束量にも極大が存在する．この極大は，氷相を含めない感度実験では全く現れないことから，気温が 0°C 以下になる高度 5 km を中心に，氷相への変化にともなう凝固熱（latent heat of fusion）の放出によってつくられていると考えられる．

このように下層収束が強まることで，地形とは無関係に，メソ対流系は移動せずに停滞する．すなわち，梅雨前線帯で発生するメソ対流系は発達することで下層収束を強めて，自ら停滞してしまうのである．積乱雲の発達高度が低い場合や積乱雲によるメソ対流系の組織化が不十分な場合などでは，メソ対流系内に大きな上昇流が生じない．そのようなケースでは下層風収束が十分強まらないので，メソ対流系は移動してしまい，集中豪雨は発生しないことになる（6.4 節参照）．

7.3 メソ対流系の維持機構

7.1，7.2 節で，豪雨をもたらす積乱雲が発生するための条件とメソ対流系が停滞するメカニズムについて述べた．しかし，メソ対流系が停滞した場合でも，その停滞が短時間なら豪雨にはならない．したがって，豪雨が発生するためには，メソ対流系を組織化している積乱雲が繰り返し発生しなければならないのである．ここでは，積乱雲が繰り返し発生できるための必要条件やメカニズムについて，1999 年福岡・広島豪雨（口絵 1，図 1.1e）を例として説明する．

まず豪雨が発生した頃の 500 hPa と 925 hPa の相当温位 θ_e の分布（図 7.7a, b）から大規模場の擾乱で特徴づけられる環境場をみてみる．下層 925 hPa （図 7.7b）では，340 K 以上の高 θ_e の空気塊が，メソ α スケールの低気圧（図 7.7c）に向かって南西方向から帯状となって流入している．その南西風の北縁にあたる θ_e 勾配の大きい領域が寒冷前線（図 7.7c）に対応する．大きな θ_e 勾配は主に寒冷前線にともなう温位勾配によるものであり，そこには強い水平風の収束域が存在する．このような下層収束の存在する領域への高 θ_e の空気塊の流入が，積乱雲を繰り返し発生させる（メソ対流系を維持させる）ための必要条件である．

中層 500 hPa （図 7.7a）では，寒冷前線上空に 335 K 以下の低 θ_e の空気塊が流

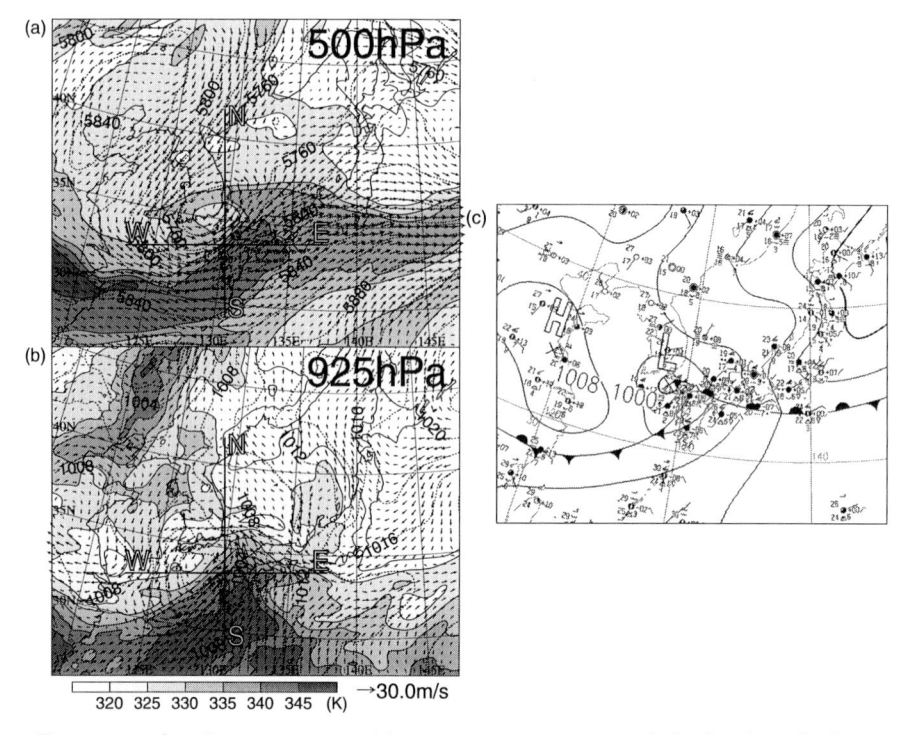

図 7.7 1999年6月29日09JSTの (a) 500 hPaと (b) 925 hPaの相当温位の水平分布（気象庁客観領域解析による）．(a) の破線の等値線は高度，ベクトルで各気圧面の水平風を示す (Kato, 2006). (c) 同時刻の地上天気図．

入している．その低 θ_e の空気塊の南側には南北方向に幅 500 km ほどの高 θ_e 領域が中国華南から日本列島にかけて存在する．その領域は積乱雲により下層の高 θ_e の空気塊が持ち上げられることでつくられたもので，図 6.2d に示した梅雨前線帯（湿舌）にあたるものであり，周囲より温位が高く，水蒸気量も多い（図 7.8）．

ところで，中層 500 hPa で寒冷前線に流入している空気塊の θ_e が低いのは，温位が低いのか水蒸気量が少ないのか，それとも両方のためなのだろうか．そのことを，図 7.7 と同時刻の 500 hPa の温位と相対湿度の分布図（図 7.8）から判断する．温位場（図 7.8a）をみると，寒冷前線の上空には周囲より温位の高い空気塊が流入している．潜在不安定（3.6 節参照）の概念から考えると，この状態では湿潤大気の不安定度は強まらずに，逆に弱まってしまう．相対湿度場（図 7.8b）をみると，低 θ_e の領域（図 7.7a）の相対湿度は 30% 以下であり，寒冷前線に流入している空気塊は非常に乾燥していることがわかる．すなわち，中層には"寒気"

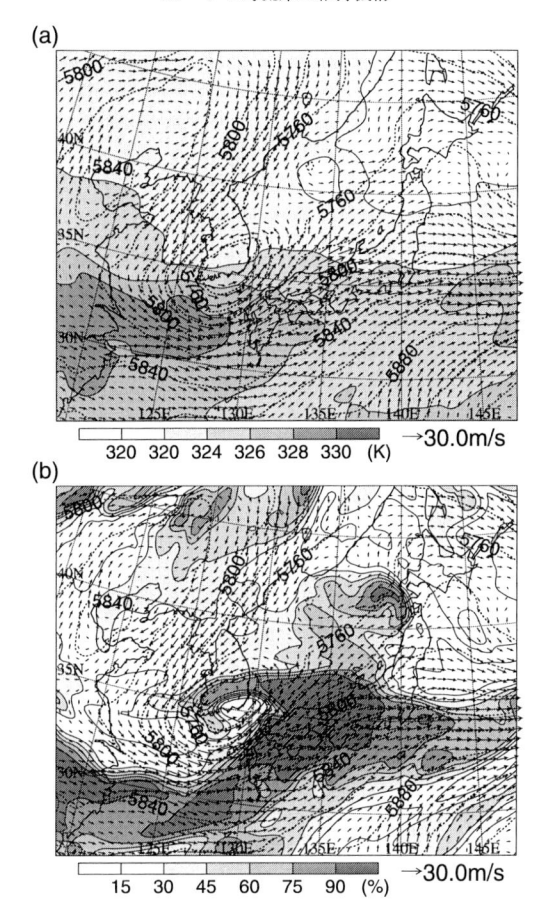

図 7.8　図 7.7a と同じ．ただし，(a) 温位，(b) 相対湿度の水平分布 (Kato, 2006)．

が流入しているのではなく，"乾気"が流入してくることで θ_e が低くなっているのである．このような中層の大気状態は，2004 年新潟・福島豪雨（図 1.1l），2004 年福井豪雨（図 1.1m）でも確認されている（Kato and Aranami, 2005）．したがって，豪雨発生の要因を調べるには潜在不安定で議論するのでは不十分で，対流不安定の概念も念頭におく必要がある．中層の乾燥大気の役割は 8.2 節に詳しく述べる．

つぎに，θ_e の鉛直プロファイルから対流不安定度をみてみる．寒冷前線を横切る東西方向（図 7.7 の線分 W–E）と南北方向（線分 S–N）の鉛直断面図を図 7.9

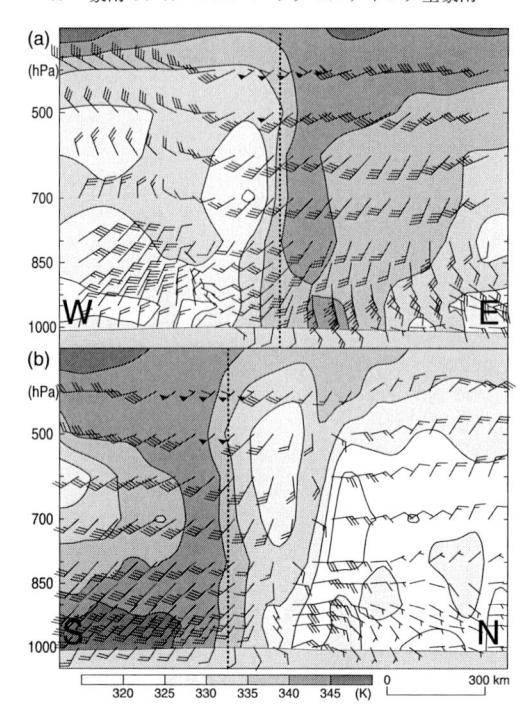

図 7.9 図 7.7 の (a) 線分 W–E（東西方向），(b) 線分 S–N（南北方向）の鉛直断面図．半矢が $2.5\,\mathrm{m\,s^{-1}}$，全矢が $5.0\,\mathrm{m\,s^{-1}}$，ペナントが $25.0\,\mathrm{m\,s^{-1}}$ の水平風速を表す．破線は下層風収束（寒冷前線）が存在する位置を示す（Kato, 2006）．

に示す．下層風収束（寒冷前線）が存在する位置を破線で示してある．南北方向（図 7.9b）をみると，高 θ_e の空気塊が南西風によって寒冷前線上の下層に流入している．寒冷前線上では下層から中層 500 hPa にかけて θ_e が低くなっていて，対流不安定な成層であることがわかる．東西方向（図 7.9a）をみると，寒冷前線の北西側の下層では北風が卓越していて，寒冷前線を南下させる原動力となっている．中層 500 hPa 付近では，寒冷前線に近づくにつれ風向が北西から南西に変化し，低 θ_e の空気塊が寒冷前線の上空に流入している（図 7.7a も参照）．このように寒冷前線上では，南西から高 θ_e の空気塊が下層に，西方から低 θ_e の空気塊がその上空に流入し続けていることにより，対流不安定な成層が維持されている．したがって，本章の最初に述べた下層での高 θ_e の空気塊の流入に加えて，対流不安定な状態が維持される環境場であることが，積乱雲が発生し続けるための必要条件となる．

寒冷前線の南東側に存在する θ_e が高い（図7.9aの破線の右側と図7.9bの破線の左側の340K以上の）領域は，梅雨前線帯（湿舌）に対応するものである（図6.5c参照）．また，寒冷前線付近で発生した積乱雲により下層から持ち上げられた高 θ_e の空気塊は，上空の風で湿舌が存在する寒冷前線の南東方向の領域に運ばれる．これは下層と中層で風向が異なるため，寒冷前線上で高 θ_e の空気塊がとどまらないことを意味する．そのような風向の違いも寒冷前線上で対流不安定な大気状態を維持させることに一役買っている．

さらに，寒冷前線南側（図7.9b）では下層900 hPa付近に強風（水平風速 > 20.0 m s^{-1}）がみられる．このような強風が下層につくり出されるのは，6.2節で述べたように梅雨前線帯の1つの特徴であり，その強風によって大量の水蒸気がメソ対流系に運ばれる．このことはメソ対流系を維持するためには好都合であり，メソ対流系の維持メカニズムの1つでもある．

それでは，どうして下層に強風がつくり出されるのだろうか．積乱雲が繰り返し発生することで，大量の潜熱エネルギーが積乱雲内に放出されて大気が暖まる．その結果，大気の密度が小さくなるので，静水圧平衡の式 (2.15) の鉛直積分で求まる下層の気圧が下がる．これにより，下層に低圧部（メソロー，meso low）が形成され，このメソローに吹き込もうとする力（気圧傾度力）によって下層に強風がつくり出される．参考までに，雨水の蒸発が大量に起こって強い冷気外出流がつくり出される場合では，下層に高圧部（メソハイ，meso high）が形成される．なぜなら，大量の雨水の蒸発により下層大気の密度が大きくなるためである．

メソ対流系の発達にともなって，下層風速の強まる様子が1998年新潟豪雨のケース（図7.5b；破線の等値線で水平風速を示す）でみることができる．メソ対流系が形成された頃から3時間で水平風速が約6 m s^{-1} 大きくなっている．その一方で，西側からメソ対流系の下層に流入する空気塊の θ_e は徐々に低くなっている（図7.5a）．その θ_e の低下を補って，風速の増大はメソ対流系に流入する水蒸気量（水蒸気の混合比と水平風速との積）の減少を抑えている．このように下層に強風がつくり出されるのも，メソ対流系の維持に重要な役割を果たしている．このような強風は図1.1で示した豪雨の多くにみられる．

1999年福岡・広島豪雨をもたらした寒冷前線に対応する線状降水帯の概念図（図7.10）を用いて，メソ対流系の維持メカニズムから豪雨の発生についてまとめてみる．高 θ_e の空気塊が長時間，下層収束をともなう線状降水帯に流入する．そこに存在する上昇流によりその空気塊が自由対流高度に持ち上げられて，積乱

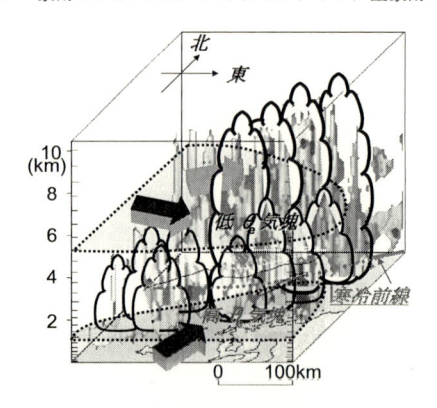

図 7.10 集中豪雨をもたらした線状降水帯の構造と対流不安定度を強化した下層の高相当温位気塊と中層の低相当温位気塊の流入についての概念図（Kato, 2006）.

雲が繰り返し発生する．また，図5.6で示したように，線状降水帯は複数のメソ対流系で構成され，それぞれのメソ対流系が繰り返し発生する複数の積乱雲により組織化・維持される．この異なる時間・空間スケールをもつ線状降水帯，メソ対流系，積乱雲はそれぞれ異なった移動速度・方向をもつ．

このように，豪雨をもたらす降水システムの構造は3つの異なるシステム（線状降水帯，メソ対流系，積乱雲）により階層化される．そして，降水システムの下層には高θ_eの空気塊が，その中層には低θ_eの空気塊が異なる方向から流入し続けて，対流不安定な大気成層が維持される中で豪雨が発生する．また，1999年福岡・広島豪雨のケースのように，中層での低θ_eは"寒気"ではなく，"乾気"（乾燥した空気塊）によってもたらされる場合が多い．以上のように，異なるスケールをもつ擾乱や環境場が相互作用することによって，メソ対流系が維持されて，豪雨が引き起こされるのである．

7.4 バックビルディング型豪雨

1.1節では，多くの豪雨が線状降水帯によりもたらされることを示した．また，下層での高θ_eの空気塊の流入側において繰り返し積乱雲が発生することで，その線状降水帯が維持されることを5.3，5.4節で述べた．高θ_eの空気塊の流入側は個々の積乱雲の移動方向に対してその背後になる（図5.7）ので，このような積乱雲の形成はバックビルディング（back-building）型と呼ばれる．さらに，バックビルディング型により積乱雲が形成されることで引き起こされる豪雨を，バック

ビルディング型豪雨と呼ぶことにする．また，バックビルディングという言葉は，back という単語にある背骨という意味から，積乱雲が繰り返し発生して列をなす様子が背骨に似ているので名づけられたという説もある．

　Bluestein and Jain (1985) はアメリカ中西部で観測されたスコールラインの形成を形態別に分類した（図7.11）．スコールラインとは，降水の蒸発にともなう冷気外出流の先端で線状に形成される降水帯のことで，寒冷前線付近や熱帯域でよく観測される．いちばん多く観測されたのは下層風収束のある場所でいっせいに積乱雲が発生するという破線 (broken line) 型であった．つぎに多く観測されたのが上で説明したバックビルディング型であった．その他は，散在していた積乱雲が線状になる破面 (broken areal) 型や大きな弱い降水域の中に強い線状のものが形成される埋込み (embedded areal) 型に分類された．このように，バックビルディング型は線状降水帯の形成形態の1つの説明として用いられたが，本節で述べる積乱雲の発生形態としても使われるようになった．参考までに，日本付近で観測される線状降水帯の形成形態の多くは，図7.11に従えば，破線型かバックビルディング型に分類される．

　積乱雲の寿命（～1時間）を考えると，1時間以内に新しい積乱雲が発生しないとメソ対流系は維持できない．なぜなら，メソ対流系は複数の積乱雲により組織化されているからである．そこで，実際にバックビルディング型による積乱雲が

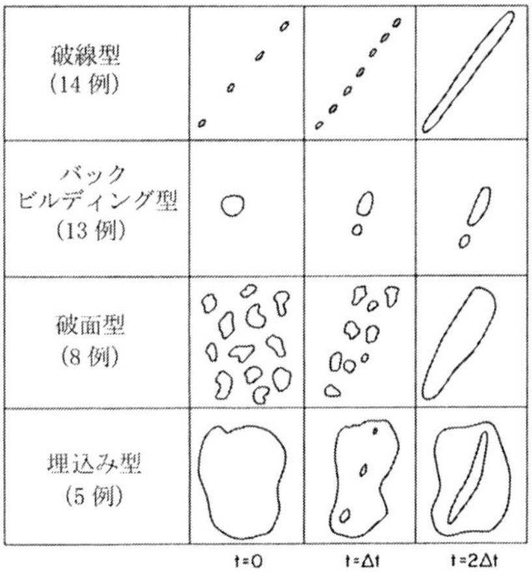

図 7.11　スコールラインの形成の形態別分類 (Bluestein and Jain, 1985).

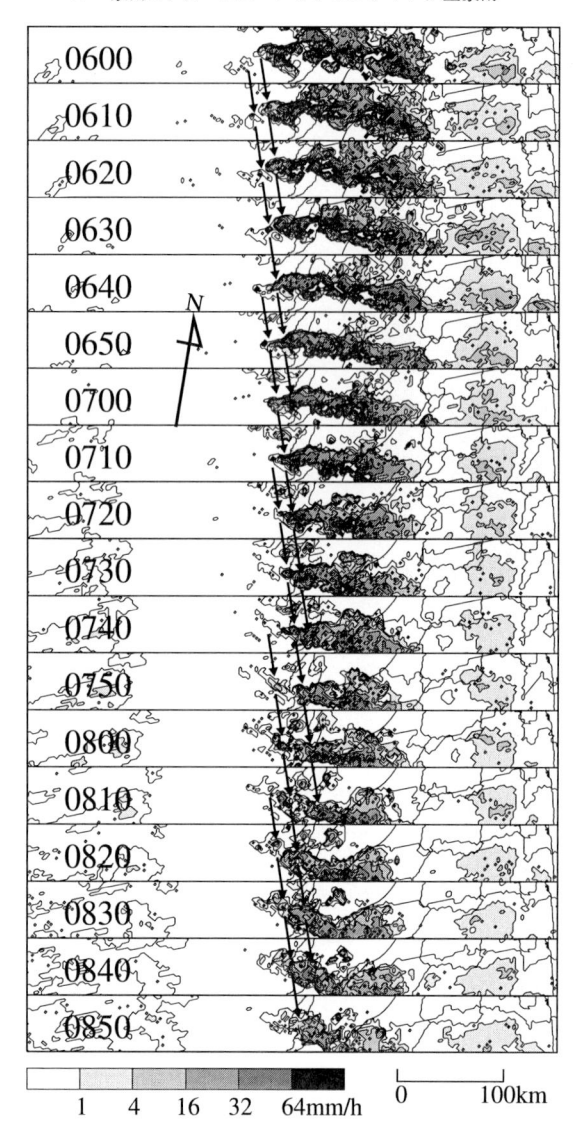

図7.12 10分間隔の気象レーダーによる観測からみたバックビルディングによる積乱雲の繰り返し発生の例（Kato and Goda, 2001）.

繰り返し発生した例（図7.12）から積乱雲の発生状況をみてみる．この例では，高θ_eの空気塊は線状降水帯の南西側から流入していた．その線状降水帯の西端を

みると，新しい積乱雲は少なくとも約 30 分間隔で発生し，東北東進していることがわかる．図 5.6 で示した例でも同様に，積乱雲が 30 分に満たない間隔で発生している．このように積乱雲が線状降水帯内で発生し，複数の発達した積乱雲により大量の降水がつくり出されて，豪雨が発生するのである．

積乱雲は寿命をもち，ある速度で移動する．そして，5.4 節で述べたように，1 つの積乱雲が一生の間に移動する距離がおおよそメソ対流系の水平スケールであり，線状降水帯はそのような複数のメソ対流系により構成されている．したがって，長さ 100 km を超えるような線状降水帯の構造を，ある場所で発生する積乱雲だけで説明できない．たとえば，積乱雲の移動速度が 10 m s^{-1} ならば，積乱雲が一生の間に移動できる距離は 36 km にしかならない．積乱雲が線状降水帯の複数の場所で発生し，メソ対流系を組織化しなければ，線状降水帯の構造を説明することはできない．

線状降水帯内での積乱雲の発生位置から，バックビルディングの形態を図 7.13 のように分類することができる．環境場の 2 次元性が強い（下層の流入風と中層の風向が同じまたは逆向きの）場合，図 7.13a の左図のように異なる位置で繰り返し発生する積乱雲は重なることがなく，メソ対流系は互いに独立することにな

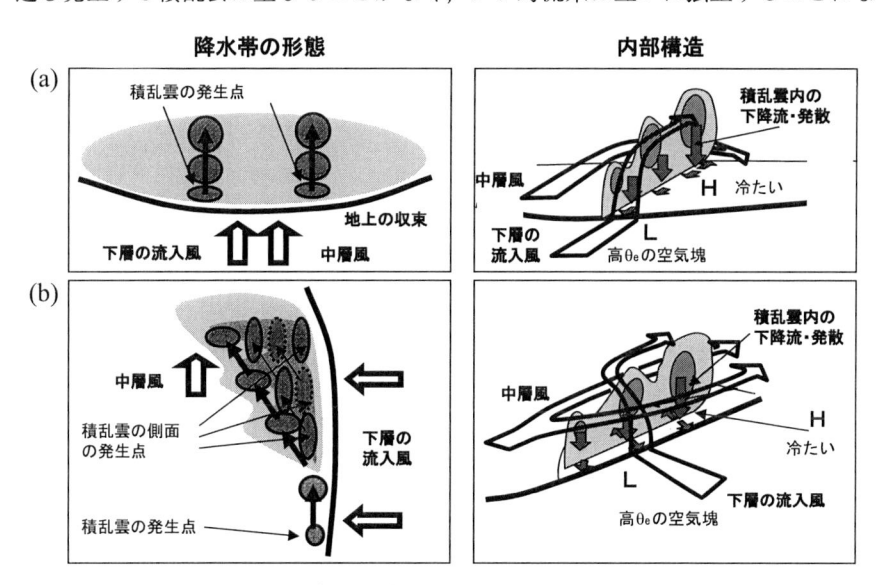

図 7.13 バックビルディングの形態と内部気流構造．(a) 通常のバックビルディング型，(b) バックアンドサイドビルディング型．左図の影域が線状降水帯を示す（瀬古，2005）．

る．しかし，下層の流入風と中層風の風向が異なると，図 7.13b の左図のように異なる位置で発生した積乱雲は重なりながら，その一部が併合することで線状降水帯を形成することになる．また，図 7.13b のような積乱雲の発生形態は，バックビルディング型の中でも，特にバックアンドサイドビルディング型と呼ばれることもある．

7.5 地形性豪雨

日本付近で観測される線状降水帯による豪雨は，梅雨前線や寒冷前線付近の下層風収束が顕著に存在する場所で発生することが多いが，それ以外の場所でもしばしば発生する．下層風収束場が存在しないケースでは，下層の高相当温位 θ_e の空気塊を自由対流高度まで持ち上げる仕組みが別に必要となる．そのような仕組みで容易に思いつくものに，山岳による滑昇流（強制上昇）がある．それ以外には地峡や地形の影響により水平風が収束することで形成される上昇流なども考えられる．ここでは，山岳による滑昇流を考える．山岳にあたる空気塊は，大気の安定度，山岳の高さ h (m)，風速 u (m s^{-1}) によって，滑昇流を形成して山岳を乗り越えるか迂回するかが決まる．この 3 つの要素から無次元数であるフルード数 (Froude number) F_r が

$$F_r = \frac{u}{Nh} \tag{7.2}$$

と定義される．ここで，N はブラント–バイサラ振動数 (s^{-1}) で，大気の安定度を表す (2.5 節参照)．

山岳を乗り越えるためには，もともと空気塊がもっている運動エネルギーの方が，山岳上部に達したときにもちうる位置エネルギーより大きい必要がある．すなわち，u が大きくて h が小さい場合に，空気塊は山岳を乗り越えることができる．その条件として，山岳が孤立した円錐状であれば，$F_r > 1.0$ が導き出される．大気の N の変動は小さく，通常 0.01 s^{-1} 程度なので，たとえば 1000 m の山岳を乗り越えるためには 10 m s^{-1} 以上の風が必要となる．山岳が高いほど有利だと思われがちだが，山岳が高すぎると逆に滑昇流が形成されにくいことになる．

山岳による滑昇流が形成要因の 1 つであると考えられる線状降水帯が，梅雨期に九州の西側でしばしば観測される．その代表的なものが，長崎ラインと呼ばれる長崎半島から伸びる線状降水帯（図 7.14）と，甑島ラインと呼ばれる甑島列島から伸びる線状降水帯（図 7.15）である．1997 年出水豪雨（図 1.1a）や 2003 年

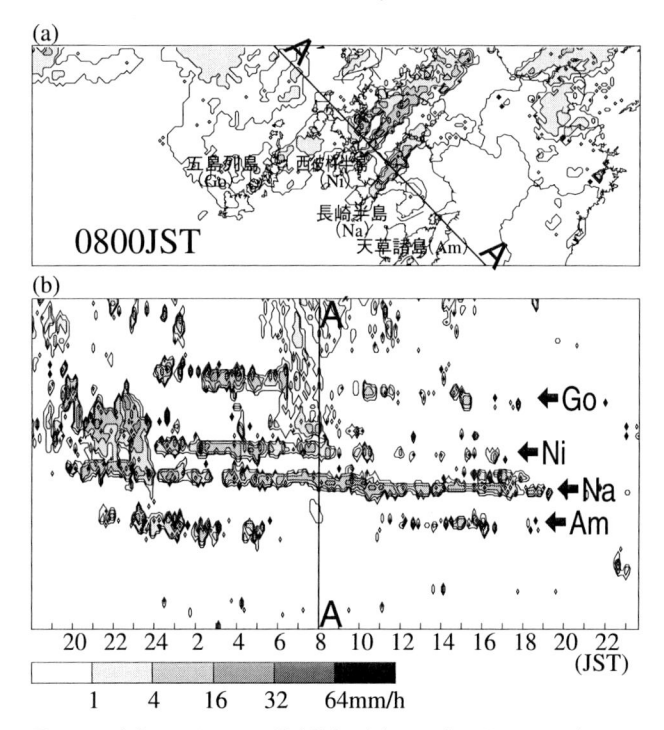

図 7.14 気象レーダーによる降水強度．(a) 1998 年 6 月 26 日 8 時における分布．(b) (a) の線分 A–A′ に沿った時間断面図（Yoshizaki et al., 2000）．

　熊本豪雨（図 1.1j）は甑島ラインがもたらした豪雨である．

　長崎ラインの観測された事例（図 7.14）をみてみる．図 7.14a には，南西から北東の方向に伸びる複数の線状降水帯がみられる．線状降水帯に直交する方向（図 7.14a の線分 A–A′）を縦軸にとったときの時間断面図を図 7.14b に示す．五島列島（Go），西彼杵半島（Ni），長崎半島（Na），天草諸島（Am）から伸びる線状降水帯が長時間停滞していたことがわかる．なかでも長崎半島から伸びる長崎ラインが最も顕著であり，約 1 日間持続していた．このように長時間持続することで，短時間の降水量が少なくても豪雨となることがある．

　水平分解能 1 km の NHM を用いてこの長崎ラインを再現し，さらに山岳の影響を調べた感度実験の結果について述べる．長崎半島の山岳のみを残した場合（図 7.15a）は長崎ラインを再現したが，その山岳のみを取り除いた場合（図 7.15b）は再現しなかった．このことから，長崎ラインは山岳による滑昇流により形成さ

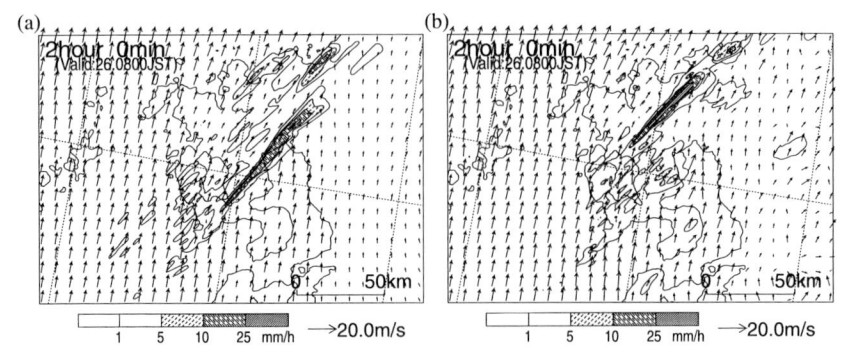

図 7.15 図 7.14a と同じ. ただし, 水平分解能 1 km の NHM を用いた感度実感の結果. (a) 長崎半島の山岳のみを残した場合. (b) 長崎半島の山岳のみを取り除いた場合 (Yoshizaki et al., 2000).

れていることがわかる.

つぎに, 甑島ラインの観測された事例として, 1997年出水豪雨 (図 1.1a) のケースを取り上げる. 図 7.16a に示した降水分布には, 大小ある複数の降水域の中で, 甑島列島から北東の方向に伸びている甑島ラインがみられる. 長崎ライン (図 7.14) では線状降水帯以外に顕著な降水域がなかったが, このケースでは甑島ラインの西方海上にメソ β スケールの降水域 (図 7.16a の破線の楕円) が存在していた.

それでは, 甑島ラインと周辺に存在する他の気象擾乱 (降水域) との関係はどのようになっていたのだろうか. 甑島ラインに直交する方向 (図 7.16a の線分 NW–SE) を縦軸にとったときの時間断面図を図 7.16b に示す. 7月9日9時頃形成した甑島ライン (図 7.16b の矢印) が盛衰を繰り返しながら, 翌日10日の深夜まで存在していたことがわかる. この盛衰により, 出水での地上観測では9日 9～12時, 15～18時, 19～21時に強い降水が観測された.

この甑島ラインの盛衰と西方から東進してくる複数のメソ β スケール擾乱 (図 7.16 の破線の楕円) との関係をみると, メソ β スケール擾乱の接近時に甑島ラインが強化され始め, その擾乱の位相が甑島ラインを通過した際に衰弱 (消滅) していたことがわかる. ここで位相と書いたのは, 甑島ラインがメソ β スケール擾乱と合体せずに, ほぼ独立して存在していたためである. 甑島ラインの強化は, メソ β スケール擾乱の通過時ではなく接近時に引き起こされているので, メソ β スケール擾乱からの種まき (seeder feeder) 効果では説明できない. 種まき効果とは, 上空を通過する別の擾乱が降水形成を促進させる氷晶などをもたらし, 積乱

7.5 地形性豪雨

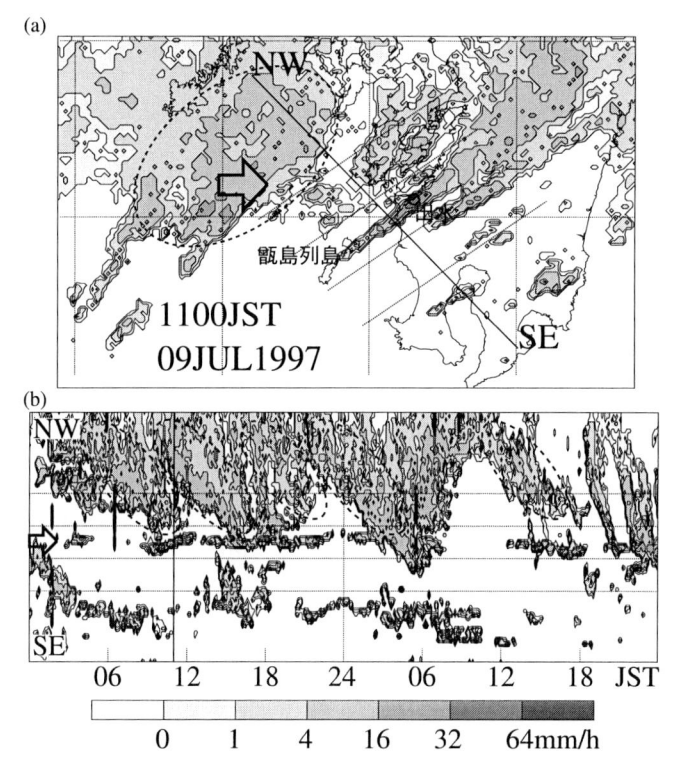

図 7.16 (a) 1997 年 7 月 9 日 11 時における気象レーダーで観測された降水強度分布．メソ β スケール擾乱を破線の楕円，その移動方向を矢印で示す．(b) (a) の線分 NW–SE に沿った時間断面図．甑島ラインの位置を矢印，メソ β スケール擾乱を破線の楕円で示す（加藤, 2005）．

雲の発達を促進させる効果のことである (Houze, 1993).

　ここで，甑島ラインがメソ β スケール擾乱の接近時に強化され，通過時に衰弱するメカニズムを考えてみる．甑島ラインが発生する直前の鹿児島での高層観測データでは，下層風向は南西で，甑島列島の山岳の走向と同じであった．このような環境場であれば，その風が幅数 km ほどの甑島列島に吹き付けても山岳による滑昇流形成はほとんど期待できない．ここで，メソ β スケール擾乱の接近を考えてみる．メソ β スケール擾乱の位置からその擾乱にともなう気圧傾度力と甑島列島付近の環境場の風向の変化について，図 7.17 のように模式化することができる．西方からメソ β スケール擾乱が甑島ラインに接近するとき（図 7.17a），その

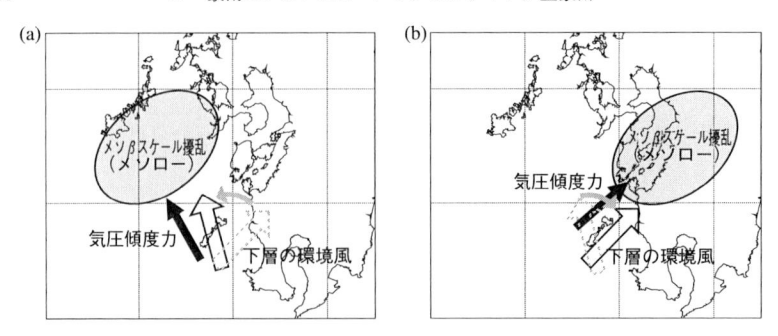

図 **7.17** メソβスケール擾乱が (a) 甑島列島北西海上にあるときと (b) 九州に上陸したときのメソ低気圧にともなう気圧傾度力と環境場の風向の変化（加藤, 2005）.

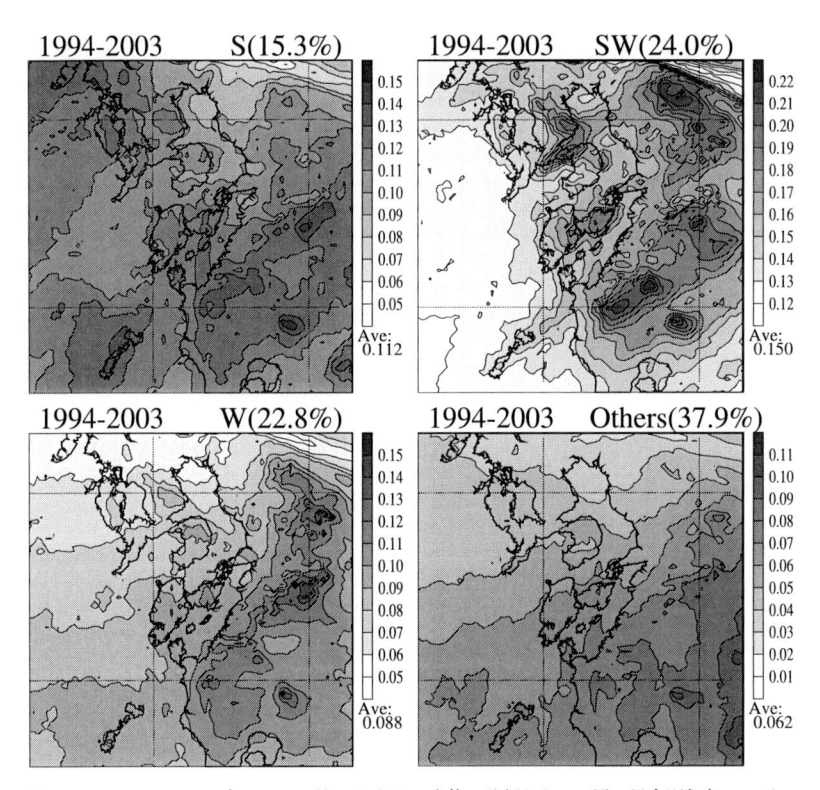

図 **7.18** 1994～2003 年の 6～7 月における 8 方位に分類した，下層の風向別気象レーダーエコー出現頻度分布（代表的な 3 方位とその他）．スケール（影）は図ごとに異なる．下層の風向は鹿児島の高層観測での 850 hPa と 925 hPa で平均した．Ave は領域平均した出現頻度，括弧内は各風向の出現割合（%）（Kato, 2005）.

擾乱下層に形成されるメソローによる気圧傾度力がその擾乱に向かう下層風を加速し，下層の環境風は南西から西よりに向きを変える．すなわち，下層の環境風は図 7.17a の破線から実線の白抜き矢印に風向が変化する．南成分が強まれば，長さ 50 km ほどの甑島列島の山岳効果が強まり，山岳による滑昇流により積乱雲が発生しやすくなる．メソ β スケール擾乱が甑島ラインを通過するとき（図 7.17b），下層の環境風は時計回りに回転してもとの南西風に戻り，甑島列島の山岳効果が効かなくなり，積乱雲の発生機構が維持できなくなる．このようにして，甑島ラインはメソ β スケール擾乱の接近・通過と同期して盛衰を繰り返すと考えられる．

上で述べた 2 つの線状降水帯が出現しやすい環境場についてみてみる．下層風向（8 方位）で分類した，梅雨期での九州の西側における降水域の出現頻度分布を図 7.18 に示す．南風（S），南西風（SW）と西風（W）の環境場が全体の 6 割以上を占める．このことは，梅雨前線帯に太平洋高気圧の縁辺から大量の水蒸気をもった空気塊が流入しやすい環境場が卓越していることを示している．各図右下に示してある領域平均した出現頻度（Ave）をみると，最も平均値が高いのは南西風場（SW）で，0.150 と他の環境場よりかなり大きい．環境場としても全体の 24.0% を占め，最も出現割合が高い．その分布をみると，山岳部の南斜面で頻度が高いが，それとは別に甑島ラインと長崎ラインに対応する南西から北東方向に伸びた線状の高頻度域が存在する．また，この 2 つのラインに対応するものが他の風向ではみられないことから，環境場として南西風場が卓越しているときのみにこれらの線状降水帯が出現することがわかる．

甑島列島や長崎半島の山岳の高さは 500 m 程度なので，$N = 0.01$ s^{-1} とすると，式 (7.2) から山岳による滑昇流が形成されるためには風速は 5 m s^{-1} 以上必要となる．下層 850 hPa の風速が 5 m s^{-1} 以上，25 m s^{-1} 以下の場合や下層風向が 12 時間以上南西風場である場合は，甑島ラインと長崎ラインに対応する高頻度域はより顕著にみえ，それ以外の場合は全く現れなくなる（図略）．このことから，ある程度の風速がなければ線状降水帯が形成されないことが確認できる．また，長時間にわたって線状降水帯が停滞するためには，上で述べたように最適な環境場が持続していなければならない．

8
豪雨と乾燥大気

　これまで，豪雨発生の必要条件は，下層風収束の存在する領域への高温・多湿な（高相当温位の）空気塊の流入であることを説明した．特に，前章では下層の大気状態および風の収束場に着目し，豪雨の発生・維持メカニズムについて述べた．その中で，中層500 hPa付近への乾燥した（低相当温位の）空気塊の流入によって対流不安定度が強化されていることを示した．実際，そのような対流不安定度の強化が豪雨発生時によくみられる．しかし，乾燥した空気塊が積乱雲に侵入すると，雲水や雨滴の蒸発が起こり，大気が冷却される．大気が冷却されると浮力（2.5節参照）が失われ，その結果，積乱雲の発達が抑えられる．そのように考えると，乾燥した空気塊の流入によって対流不安定度は強化される一方，積乱雲の発達は抑制されることにもなる．本章では，中層の乾燥大気におけるこの2つの効果について説明する．

8.1　気象衛星からみた乾燥大気の侵入

　線状降水帯がもたらした豪雨の事例（図1.1）について，豪雨が発生する直前の気象衛星の雲画像（赤外輝度温度分布；図8.1）をみてみる．雲画像では，白い（輝度温度が低い）場所ほど雲頂高度の高い雲が存在し，黒い（輝度温度が高い）場所は雲が存在していないことを示す．多くの豪雨は，大きな雲組織の周辺部や，高い雲（線状降水帯によるものは除く）の存在していない領域（図8.1の破線の楕円の領域）で発生していることがわかる．そのような領域の周辺には，中層500 hPa付近に乾燥した空気塊が流入している可能性がある．なぜなら，500 hPa付近の（輝度温度約270 Kに対応する）高度に雲頂が達していない領域が，その周

辺の一部に存在するからである.また,多くの豪雨の事例で,そのような領域に乾燥大気が存在していたことが報告されている.

総観スケールの低気圧は,その西方に存在する対流圏(troposphere)上層の空気塊が,等温位面に沿って高度を下げながら低気圧に侵入することで発達する(詳しくは小倉,2000 を参照).そのとき,空気塊は断熱昇温するとともに乾燥する(水蒸気量が保存するので,相対湿度は低下する).このような空気塊の流れは,総観スケールの低気圧の発達時(図 8.1 の分類パターン①)以外にも,特に,寒冷前線や梅雨前線上に豪雨(線状降水帯)が発生するとき(分類パターン②,③)によくみられる.

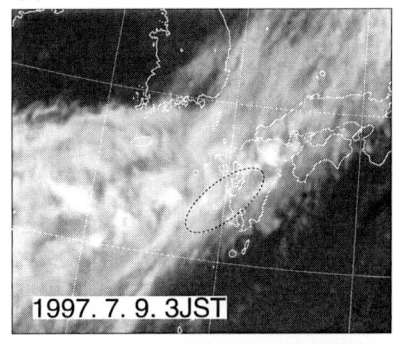

(a) 1997 年出水豪雨④　　　　　(b) 1998 年新潟豪雨③

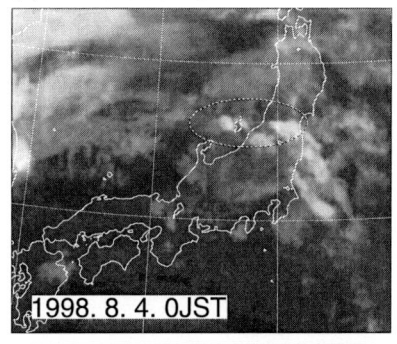

(c) 1998 年栃木・福島豪雨⑤　　(d) 1998 年高知豪雨④

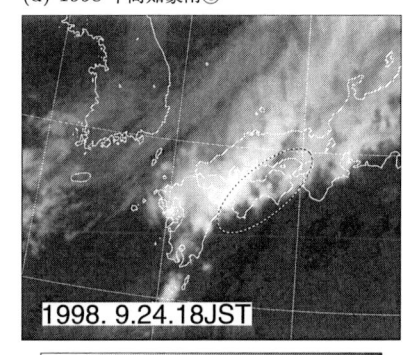

図 8.1 図 1.1 に示した事例における豪雨発生直前の気象衛星雲画像(赤外輝度温度分布).線状降水帯が発生した領域を破線の楕円で示す.①〜⑤は表 1.2 による分類パターン.

8. 豪雨と乾燥大気

(e) 1999年福岡・広島豪雨②

1999. 6.29. 3JST

(f) 1999年佐原豪雨①

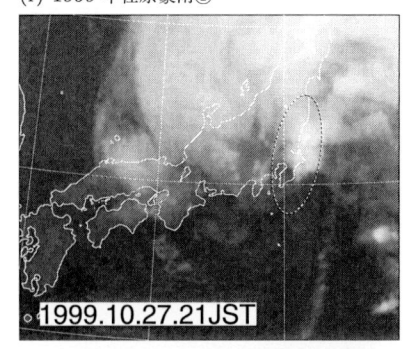

1999.10.27.21JST

(g) 2000年東海豪雨⑤

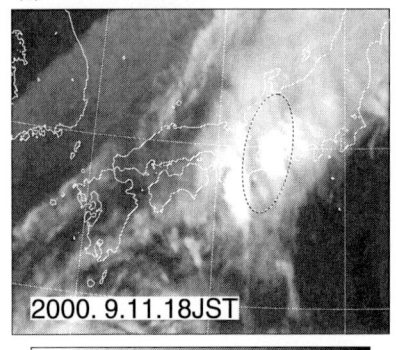

2000. 9.11.18JST

(h) 2001年佐原豪雨①

2001.10.10.21JST

(i) 2003年福岡豪雨②

2003. 7.19. 3JST

(j) 2003年熊本豪雨④

2003. 7.20. 0JST

図 8.1　（続き）

(k) 2004年静岡豪雨⑤　　　　　　(l) 2004年新潟・福島豪雨③

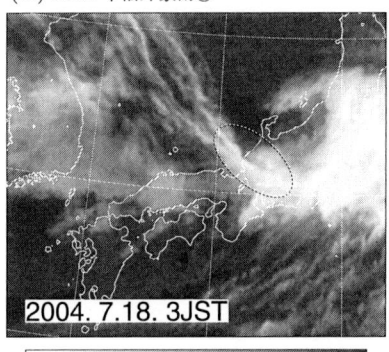

(m) 2004年福井豪雨③　　　　　　(n) 2005年首都圏豪雨⑤

図 **8.1**　（続き）

　その中で，乾燥した空気塊の流入が顕著であった1999年福岡・広島豪雨のケース（図8.1e）を例に，次節で中層の乾燥大気の役割について述べる．

　気象衛星の水蒸気画像は，暖候期の日本付近では200〜400 hPaの水蒸気量をとらえたものである．そのため，中層500 hPa付近の状況は反映されにくく，中層の乾燥大気をその画像から直接検出することはできない．また，雲画像（赤外輝度温度分布）だけで中層の乾燥の度合いを判断することはできないので，その解析のためには客観解析や高層観測データなどを用いる必要がある．

8.2 中層の乾燥大気の役割

まず1999年福岡・広島豪雨の例で，中層の乾燥大気が線状降水帯内での積乱雲の発達高度に与えた影響について説明する．本章の最初に述べたように，乾燥大気が大量に積乱雲に侵入すると浮力を失い，積乱雲の発達が抑制される．このことを，気象衛星のデータと，線状降水帯の再現に成功した水平分解能2 km の非静力学雲解像モデル（2 km-NHM）の予想結果から確かめてみる．

観測された降水量分布と気象衛星による赤外輝度温度分布を図 8.2 に示す．図

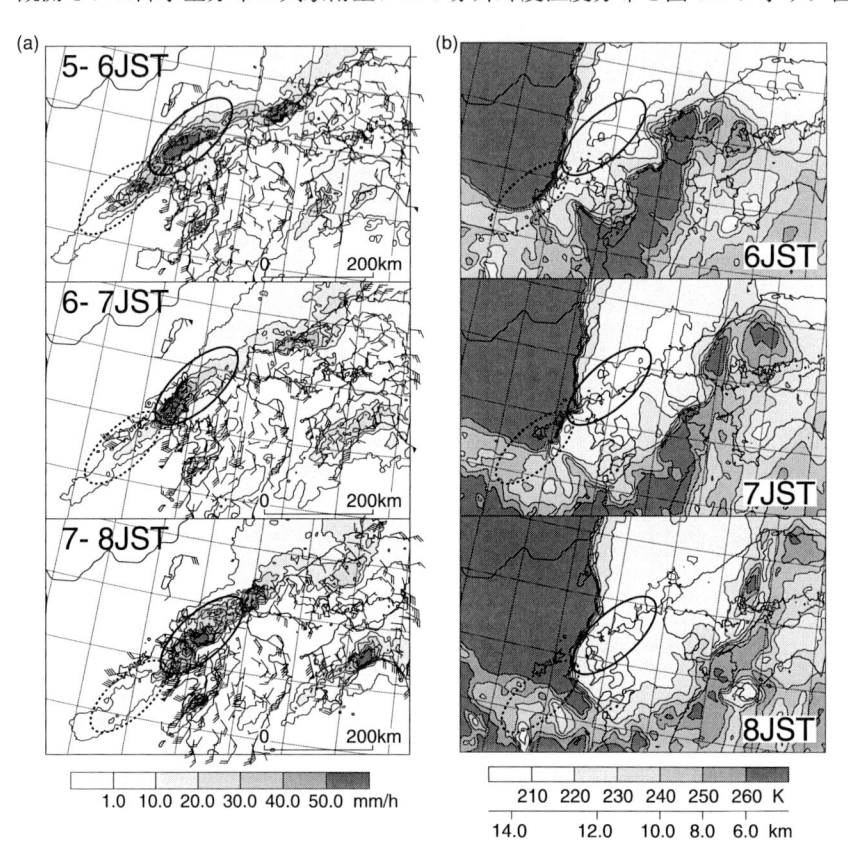

図 8.2 (a) 1999 年 6 月 29 日 6～8 時のレーダー・アメダス解析雨量による前 1 時間積算降水量．(b) (a) と同時刻の気象衛星で観測された赤外輝度温度．右下の目盛りは 29 日 9 時における福岡での高層観測データから推定される高度を示す．この高度は雲頂に対応するものである．線状降水帯の中央部分と西側を実線と破線の楕円で示す (Kato, 2006).

8.2 中層の乾燥大気の役割

8.2bの下には，福岡での高層観測データから推定される雲頂に対応する高度もあわせて示してある．図1.1eに解析されている寒冷前線上に発生した線状降水帯がゆっくり南東進し，8時頃福岡市付近に達している様子が図8.2aからわかる．その中で，福岡に豪雨をもたらした線状降水帯の"中央部分"（図8.2aの実線の楕円で囲んだ領域）で降水強度が特に強い．その一方，降水帯の"西側"（破線の楕円で囲んだ領域）での降水強度は"中央部分"に比べるとかなり弱い．この2つの領域について，積乱雲の発達高度をみてみる．

図8.2bをみると，線状降水帯の"中央部分"では赤外輝度温度が220 K 以下であり，その温度から推定される積乱雲の発達高度は12 km 以上である．この発達した背の高い積乱雲により福岡に豪雨がもたらされた．一方，"西側"では場所によって赤外輝度温度が260 K 以上であり，高度6 km に達しない背の低い積乱雲が存在していたと推測される．

線状降水帯上に発生した積乱雲の発達高度別頻度分布を，2 km-NHM の結果（図8.3）からみてみる．線状降水帯の"西側"（図8.3の左半分）にあたる長さ

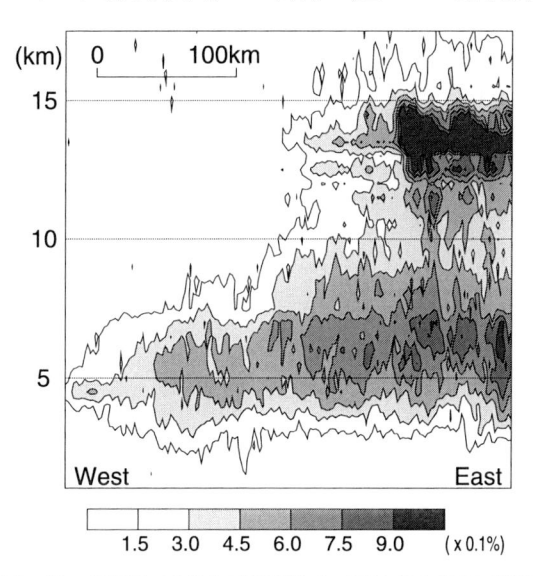

図 8.3　2 km-NHM の結果から解析された，1999年6月29日福岡に豪雨をもたらした線状降水帯上に発生した積乱雲の発達高度別頻度分布．横軸は線状降水帯の東西方向で，左半分が図8.2の破線の楕円の領域，右半分が実線の楕円の領域に対応する（Kato, 2006）．

約 150 km の領域では，積乱雲は高度 5～7 km 程度にしか発達していない．一方，"中央部分"（図 8.3 の右半分）では，圏界面（約 14 km）を超えて発達した背の高い積乱雲が多くみられる．これは，図 8.2b の気象衛星での赤外輝度温度から推定した結果と同じである．さらに，"中央部分"には 14 km 付近以外にも，"西側"から連続して高度 5～7 km に発達高度のピークがある．このことは"中央部分"にも背の低い積乱雲が存在することを意味している．

以下では，線状降水帯の"中央部分"と"西側"での積乱雲の発達高度の違いや"中央部分"での 2 つのピークが生じる要因，すなわち積乱雲の発達高度を決める要因について考えてみる．まず，積乱雲は，凝結熱と凝固熱の 2 つの潜熱エネルギーの放出によって発達することに着目し，凝固熱の影響をみてみる．2 km-NHM で

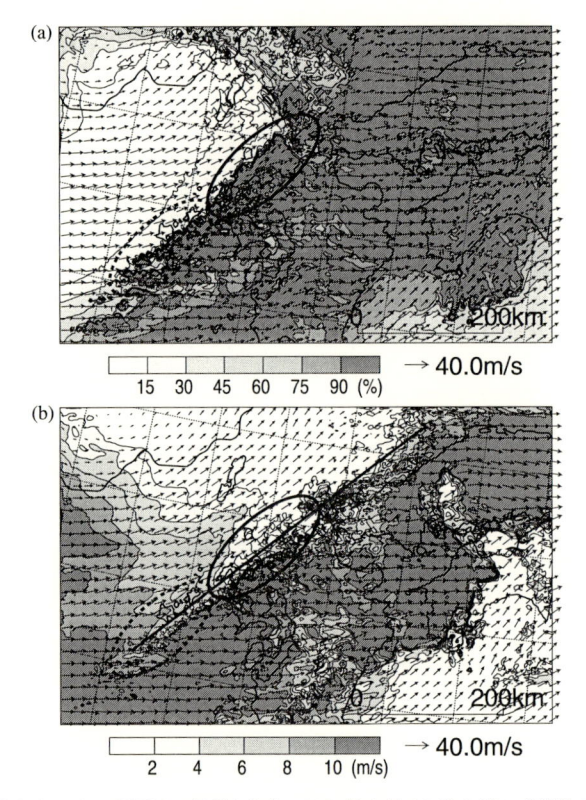

図 **8.4** 2 km-NHM で予想された 1999 年 6 月 29 日 7 時の高度約 5.3 km での (a) 相対湿度と (b) 図上の直線に直交する（南東向き）成分の水平風速の分布．ベクトルは同高度の水平風．線状降水帯の中央部分と西側を実線と破線の楕円で示す（Kato, 2006）．

凝固熱放出を除いた降水過程（4.3節で述べた「暖かい雨」）を用いた場合でも，図8.3とほとんど同じ積乱雲の発達高度別頻度分布が得られた（図略）．したがって，凝結熱と凝固熱放出による2段階での浮力生成の効果が2つのピークの出現の要因ではないことがわかる．

つぎに，中層の乾燥大気の線状降水帯への流入量に着目する．2 km-NHMで予想された高度約5.3 kmでの相対湿度と，線状降水帯に直交する（南東向き）成分の水平風速 v_n の分布を図8.4に示す．線状降水帯の"中央部分"と"西側"の風上側における相対湿度は約15～30%であり，顕著な違いはない（図8.4a）．しかし，v_n は"中央部分"では2～4 m s^{-1} であるのに対し，"西側"では6～8 m s^{-1} である（図8.4b）．このことから，"西側"での中層の乾燥大気の流入量は"中央部分"に比べて約2倍だったことがわかる．乾燥大気の侵入によって積乱雲内で雲水や雨水の蒸発が起こるので，"西側"の方で大気の冷却が盛んに起こり，多くの積乱雲内で浮力がなくなる．その結果，積乱雲の発達が抑制される．このように，乾燥大気の侵入量の違いが積乱雲の発達高度を左右している．

ここで，乾燥大気が積乱雲に侵入することによる雲水や雨水の蒸発の影響をみてみる．2 km-NHMでそれらの蒸発の効果をなくしても，図8.3とほぼ同じ特徴がみられた（図略）．この理由を下層の空気塊を持ち上げたときの浮力から考えてみる．図8.5左図のように，下層の空気塊が凝結高度まで持ち上げられ，さらに湿潤断熱線に沿って高度Aまで持ち上げられているとする．ただし，高度Aまでは乾燥大気の侵入はないとする．その後も，乾燥大気の侵入がなければ空気塊はある短時間後にA′点に達する．しかし，乾燥大気の侵入があると，空気塊内で混合が起こって相対湿度が下がるので，雲水や雨水の蒸発が起こる．その蒸発によって冷却されるので，空気塊はB′点に達することになる．

つぎに，感度実験のように乾燥大気が侵入したにもかかわらず，雲水や雨水の蒸発が起こらない場合を考える．蒸発が起こらないので，乾燥大気が侵入した分だけ相対湿度は低下した状態になる．相対湿度が低下すると，空気塊は再び凝結するまで乾燥断熱線に沿ってD点まで上昇する．凝結した後はもととは異なる湿潤断熱線に沿ってさらに上昇し，やはりB′点に達するのである．

このように同じB′点に至るのは，相当温位 θ_e を用いると簡単に説明することができる（図8.5右図）．乾燥大気が侵入するまでは，空気塊は等 θ_e 線に沿ってa点まで上昇する．そして，乾燥空気が侵入すると混合により空気塊の θ_e は低下する（e点になる）．その空気塊が上昇して再び飽和状態になると，その θ_e から求

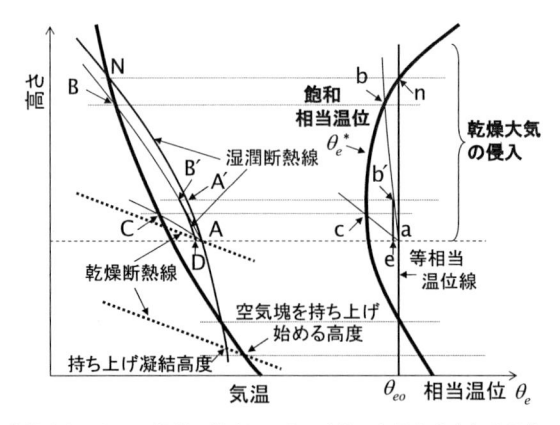

図 8.5 乾燥大気の侵入の役割の模式図．太い実線は気温と飽和相当温位の鉛直プロファイル．下層から持ち上げた湿潤な空気塊は乾燥大気が侵入する高度まで，湿潤断熱線に沿って上昇する．乾燥大気の侵入があると，空気塊は湿潤断熱減率よりも大きく，乾燥断熱減率よりも小さい気温減率で浮力がなくなるまで（たとえば，曲線 AB に沿って）上昇する．相当温位で考えると，相当温位が減少しながら（たとえば，曲線 ab に沿って）上昇する．乾燥大気の侵入量が非常に多くなると，たとえば曲線 AC（ac）に沿って上昇することになり，積乱雲の発達は相当抑制されることになる（Kato, 2006 に追加）．

まる温度は，気圧（高度）を与えれば式 (3.34) から一意に決まる．すなわち，空気塊が等 θ_e 線に沿って上昇し，b′ 点に達したときは必ず B′ 点の温度になる．この議論の中に，雲水の蒸発は関与しない．したがって，実際には雲水や雨水の蒸発は起こっているが，積乱雲の発達高度を決めるためには，乾燥大気の侵入量だけを考えればよいことになる．

　乾燥大気の侵入量で積乱雲の発達高度がどのように決まるかを図 8.5 で説明する．下層から持ち上げた空気塊の浮力は，周囲の飽和相当温位 θ_e^*（気温）よりも空気塊の θ_e（気温）が低くなるまで維持する．すなわち，図 8.5 の太い実線（θ_e^* または気温のプロファイル）と再び交差する高度まで浮力は維持する．乾燥大気の侵入がないと，積乱雲は高度 n（N）まで発達することになる．乾燥大気の侵入量が少ないと θ_e の低下は小さく，たとえば曲線 ab（曲線 AB）に沿って上昇するので，積乱雲の発達高度は乾燥大気の侵入がない場合と比べてあまり差はない（高度 n～b）．乾燥大気の侵入量が非常に多いと，たとえば曲線 ac（曲線 AC）に沿って空気塊は上昇し，積乱雲の発達はかなり抑制され，発達高度も低くなる（高度 n ≫ c）．

　それでは，なぜ図 8.3 のように積乱雲の発達高度に 2 つのピークが現れるのだ

8.2 中層の乾燥大気の役割

ろうか．図 8.5 の説明では中層より上空に積乱雲の発達高度が同じような割合で現れるように思われる．しかし，上空ほど気温が低くなるので，大気中に含まれうる水蒸気量は急激に小さくなる（図 3.1 参照）．よって，高度が高くなるに従って，乾燥大気が侵入しても θ_e の低下は非常に小さくなり，乾燥大気の影響も急激に小さくなるのである．このために，高度 7 km 以上に達した空気塊は圏界面近くまで到達できるので，この事例での積乱雲の発達高度は，主に 7 km 以下と圏界面付近に二分化される．

ここまで，中層の乾燥大気の侵入により積乱雲の発達が抑制されることを述べてきた．このことだけを考えれば，乾燥大気の侵入は豪雨の発生には不都合なものになる．しかし，前章や前節で示したように，乾燥大気の侵入は豪雨発生時にしばしばみられる．以下では，中層の乾燥大気の侵入が，逆に豪雨の発生に適した環境場をつくりうることについて説明する．

積乱雲は，式 (3.35) で示した潜在不安定な大気状態が与えられたとき，下層の空気塊が自由対流高度に持ち上げられることで発生し，その不安定な状態を解消する．積乱雲内では，潜熱エネルギーを解放することで大気は暖められ，θ_e^* の鉛直プロファイルは下層から持ち上げられた空気塊の θ_e（たとえば，図 8.5 の θ_{eo}）と等しくなる（潜在不安定な状態でなくなる）．このような状態になると，中層に冷たい大気が流入しない限り，同じ場所で新たな積乱雲は発生しない．積乱雲への乾燥大気の侵入があると，積乱雲内の加熱が抑制され，潜在不安定な状態は維持される（たとえば，θ_e^* の鉛直プロファイルの一部は，図 8.5 の曲線 ab のようになる）．すなわち，乾燥大気の侵入によって次々と積乱雲の発生しうる環境場が維持されるのである．

1999 年福岡・広島豪雨のケースにおいて，2 km-NHM で予想された高度 5 km の温度分布を図 8.6 に示す．西から相対的に暖かい大気が流入してきているにもかかわらず，線状降水帯の存在する領域では低温が維持されている．この低温域は，積乱雲への乾燥大気の侵入による加熱の抑制の結果である．また，流入（線状降水帯の北西）側でも低温となるのは，線状降水帯と積乱雲の動く方向および中層の環境風の風向が異なる（図 5.6 参照）ためである．このケースのように，乾燥大気の侵入によって流入側に低温域がつくられたときに，豪雨が発生しうるのである．

以上のように，中層の乾燥大気の侵入は，積乱雲内の浮力を奪うことで積乱雲の発達を抑制する役割をもつ一方，中層を低温に保持することで積乱雲が次々に

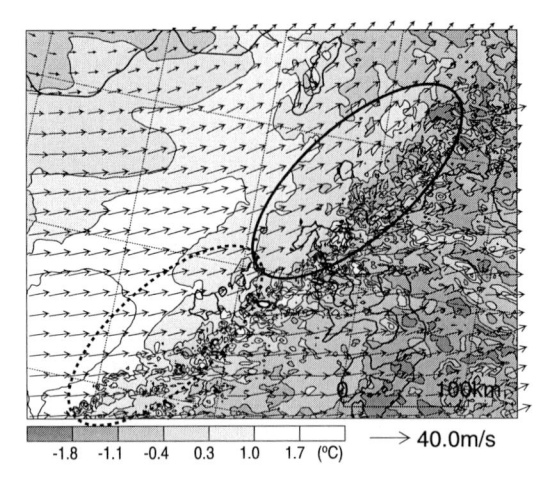

図 8.6 2 km-NHM で予想された 1999 年 6 月 29 日 7 時の高度 5 km での温度分布．ベクトルは同高度の水平風．線状降水帯の中央部分と西側を実線と破線の楕円で示す（Kato, 2006）．

発生できる環境場を維持し，豪雨を発生させる要因となっている．繰返しになるが，中層の乾燥大気の侵入で個々の積乱雲の発達は抑制される．しかし，豪雨発生のために必要な対流活動（潜在不安定な状態）を持続させる役割をもつのである．

最後に，豪雨の発生と 3.7 節で述べた対流不安定との関係について整理してみる．豪雨は，下層に高 θ_e の空気塊が流入し，中層が低温である潜在不安定な状態が持続して，積乱雲が次々と発生することで引き起こされる．また，上で述べたように，中層に流入する空気塊が乾燥していても低温な（潜在不安定な）状態を持続させることができる．一方，中層に気温の低い空気塊，または乾燥した空気塊が流入することで対流不安定の状態がつくり出される．これらのことから，環境場を対流不安定度，すなわち θ_e でみることで，中層の大気の温度・乾燥度に関係なく，豪雨発生の可能性を議論できる．なぜなら，θ_e が低ければ，中層に流入する空気塊は低温であるか乾燥しているかであり，積乱雲の発達に好都合だからである．ただし，その議論においては，対流不安定度だけでなく，環境場の温度，相対湿度，風の場などをあわせて調べる必要がある．というのも，乾燥大気の流入により潜在不安定な状態が持続することを示すには，積乱雲がどのように移動し，新たな積乱雲の発生する場所における中層風上側の大気が冷却されるかを議論しなければならないからである．

9
冬季日本海側の豪雪

　冬季日本海上では，通常，大陸から日本列島に向かって冷たく乾いた北西季節風が吹き，相対的に暖かい海面から大気下層へ大量の熱と水蒸気が輸送される（気団変質，air mass transformation）．これによって大気下層の安定度が低下し，積乱雲が発生して，日本列島の日本海側に降雪がもたらされる．

　豪雪は，「西高東低」の冬型の気圧配置が強まるときに発生することが多い．また，強い寒気をともなった深い気圧の谷の南下，すなわち強い寒気の流入時にもしばしば発生する．冬季日本海上では，この寒気の流入によって海面と大気の温度差が非常に大きくなり，気団変質がより活発となる．それによって，下層の相当温位が高くなって，積乱雲が発達しやすくなる．豪雪はまた，日本列島付近を通過する総観規模の低気圧によって引き起こされることもあるが，本書では触れない．

　本章では，2001年1月に日本海側で観測された豪雪を例に，主に大規模場からみた冬季日本海側の大気の構造と降雪の特徴について述べる．豪雪時には，日本海上でメソスケールの擾乱がしばしば発生して，降雪の局地集中化をもたらすことがあるが，これらについては次章で詳しく述べる．

9.1　冬季日本付近での大気の特徴

　2001年は気象庁が命名する「豪雪」年ではなかったが，12月下旬〜1月中旬にかけて強い寒気が日本付近に流入した影響で，日本海側に豪雪がもたらされた．2001年1月下旬には，寒気の流入が弱くなり，複数の総観規模の低気圧が日本列島付近を通過して，日本海側に限らず降水が観測された．ここでは，2001年1月

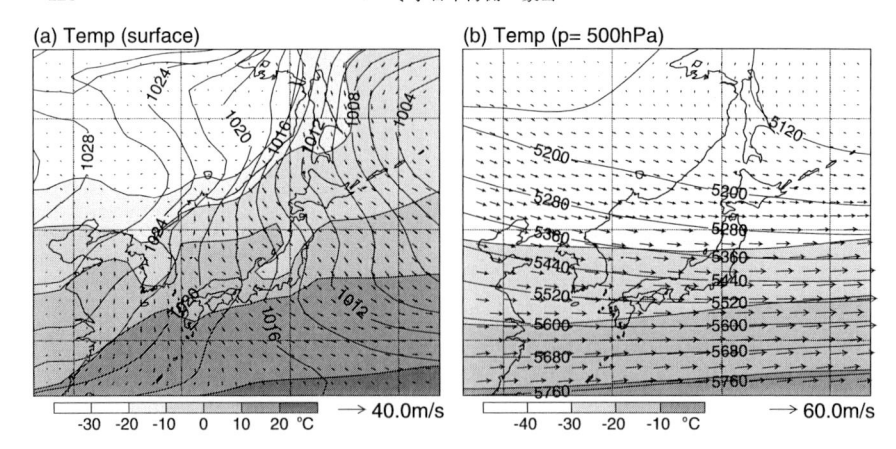

図 9.1 気象庁全球客観解析データから作成した 2001 年 1 月平均場の特徴. (a) 地上付近の気温（陰影）と海面気圧（等値線）．(b) 500 hPa 面での気温（陰影）と高度（等値線）．ベクトルは同高度での水平風を示す.

を例に，強い寒気が日本付近に流入した期間とそうでなかった期間の大気の特徴から，豪雪が発生しやすい環境場について説明する．

まず，2001 年 1 月の月平均した大気の構造の特徴をみてみる（図 9.1）．地上の温度場（図 9.1a）をみると，北緯 40 度以北の大陸上では −10°C 以下の低温であり，大陸上と日本海上との温度差が顕著である．また気圧場は，西で高く東で低い「西高東低」の冬型のパターンであり，日本列島付近では北西季節風が卓越している．この季節風によって，日本列島の地表付近に寒気がもたらされる．500 hPa 面（図 9.1b）をみると，温度場はほぼ東西に伸びたパターンであるが，高度場は日本列島以北で東ほど低く，日本列島付近では大陸上空から寒気をもたらす西北西の風が吹いている．この風は高度場の等値線に平行して吹いていて，地衡風（geostrophic wind）平衡から説明できる（小倉，1999 を参照）．このように，地表付近でも上空（500 hPa）でも大陸から寒気が流入していることが，平均的な冬季日本付近での大気の特徴となっている．

ここから，Yoshizaki et al. (2004) の解析結果に基づいて説明する．解析期間は 2001 年 1 月 12～31 日である．解析領域として，日本付近を日本海（領域 1）と日本列島（領域 2）に分け，さらに領域 2 を日本海側（領域 2A）と太平洋側（領域 2B）に分ける（図 9.2a）．領域 2A, 2B で領域平均した 1 時間降水量の時間変化を図 9.2b に示す．主に日本海側で降水が多かった期間（期間Ⅰ），降水が少なかった期間（期間Ⅱ），低気圧が頻繁にとおった期間（期間Ⅲ）に分けられる．

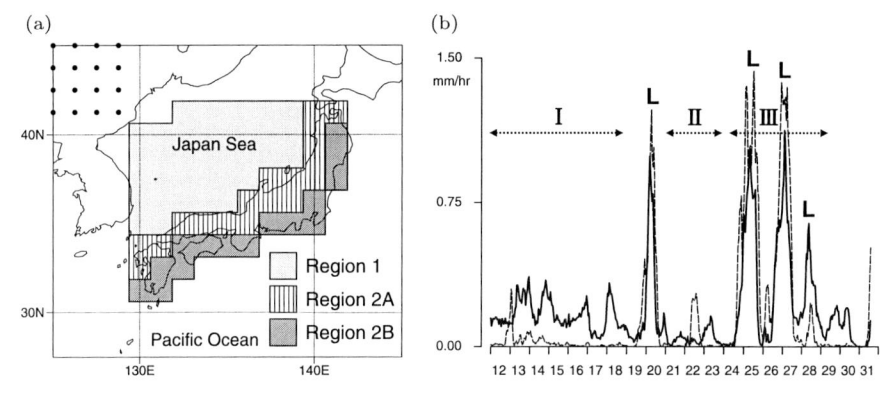

図 9.2 (a) 解析領域. 領域 1 を日本海, 領域 2 を日本列島 (領域 2A：日本海側, 領域 2B：太平洋側) とした. 左上の格子は気象庁全球客観解析データの格子点例を表す. (b) 領域 2A (実線) と領域 2B (破線) で領域平均したレーダー・アメダス解析雨量の時間変化 (2001 年 1 月 12 日 9 時〜31 日 24 時). L は総観規模の低気圧の通過を示す. 日本海側で降水が多かった期間, 降水が少なかった期間, 総観規模の低気圧が頻繁に通過した期間を I, II, III で示す (Yoshizaki et al., 2004).

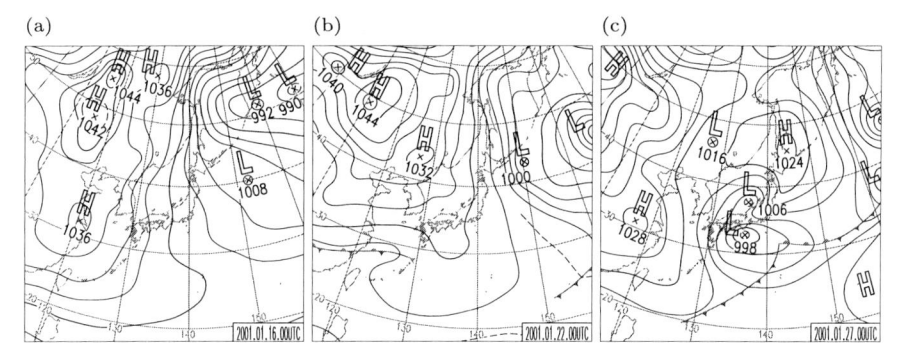

図 9.3 期間 I, II, III の代表的な地上天気図. (a) 2001 年 1 月 16 日, (b) 1 月 22 日, (c) 1 月 27 日の 9 時.

また，期間 I, II, III の代表的な地上天気図を図 9.3 に示す．期間 I (図 9.3a) では，図 9.1 に示したような典型的な「西高東低」の冬型の気圧配置であり，強い寒気をともなった気圧の谷の南下・停滞によって日本海側の各地に大雪がもたらされた．期間 II (図 9.3b) では，日本列島は高気圧の勢力下に入り，降水は少なかった．それに対して，図 9.3c にみられるような総観規模の低気圧の通過時 (図 9.2b の L) には，太平洋側にも日本海側にも強い降水がもたらされたことがわかる．ただし，この期間の降水の多くは雨によるものであった．

本章のはじめに，日本海域で相対的に暖かい海面から大気下層へ大量の熱と水

蒸気が輸送されることで，日本列島の日本海側に降雪がもたらされることを述べた．ここでは，熱と水蒸気の輸送量をエネルギーで評価した顕熱（SH: sensible heat）と潜熱（LH: latent heat）について，日本海領域（図 9.2a の領域 1）で考えてみる．領域平均した温度の変化から求めた加熱量 Q_1 と水蒸気量の変化から求めた加熱量 Q_2 の鉛直プロファイルを見積もることで，その領域内でみた海面から大気へ輸送される SH と LH および降水量が推定できる．Q の鉛直積分を $\langle Q \rangle$ と表すと，

$$LP + SH \sim \langle Q_1 - Q_R \rangle \tag{9.1}$$

$$LP - LH \sim \langle Q_2 \rangle \tag{9.2}$$

となり，

$$SH + LH \sim \langle Q_1 - Q_R - Q_2 \rangle \tag{9.3}$$

となる．ここで，$LP =$ 降水量 $\times L_v$（L_v は水から水蒸気への蒸発熱），Q_R は大気放射による冷却量である．Q_1 と Q_2 および式 (9.1)～(9.3) の導出は付録 A-5 に記述した．

日本海上（図 9.2a の領域 1）での $Q_1 - Q_R$，Q_2 および温位 θ，相当温位 θ_e，気温減率 Γ について，図 9.2b の期間 I（強い寒気の流入時）と期間 III（総観スケールの低気圧の通過時）で平均した鉛直プロファイルを図 9.4 に示す．θ の分布（図 9.4b の実線）から，期間 I では海面付近での大気は強い絶対不安定（$\partial\theta/\partial z < 0$）な状態であり，$\Gamma$ の分布（図 9.4c）から，上空 700 hPa 付近まで平均した Γ は乾燥断熱減率より大きいことがわかる．期間 III でも海面付近に絶対不安定な状態はみられるが，期間 I と比べると対流圏全層で Γ が小さい．このように，強い寒気の流入により大気の安定度は著しく低下する．θ_e 分布（図 9.4b の破線）から，両期間とも 700 hPa より下層で θ_e がほぼ一定な対流混合層が発達していることがわかる．

$Q_1 - Q_R$（図 9.4a の実線）の大きな領域は対流混合層に対応していて，対流活動により大気中下層が加熱されていることを示している．また，両期間とも対流活動により大量の水蒸気が凝結し，しかも大陸から乾燥した空気塊が流入しているのにもかかわらず，対流圏中下層で $Q_2 < 0$（水蒸気量の増加）になっている（図 9.4a の破線）．Q_2 の鉛直積分量が負（$\langle Q_2 \rangle < 0$）になることから式 (9.2) を用いると，降水量（LP）以上に海面から大気へ大量の水蒸気（潜熱）輸送が行われてい

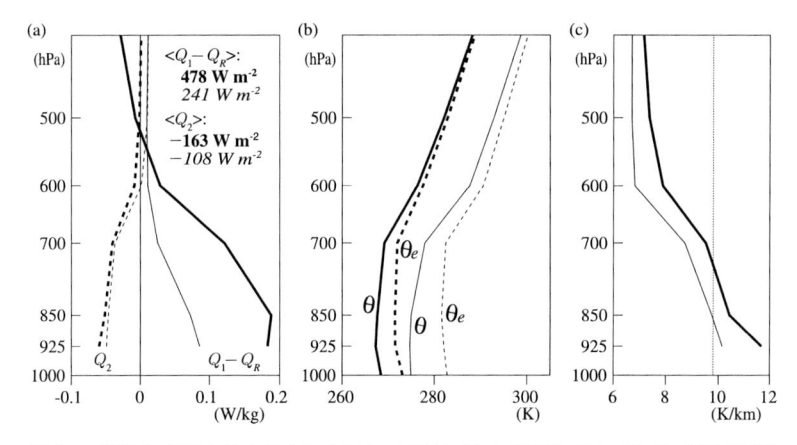

9.1 冬季日本付近での大気の特徴

図 9.4 期間 I（2001 年 1 月 12～18 日，太線/太字）と期間 III（24～28 日，細線/斜字）における図 9.2 の領域 1 で平均した諸物理量の鉛直プロファイル．気象庁全球客観解析データから計算した．(a) 温度の変化から求めた加熱量 Q_1-Q_R（実線）と水蒸気量の変化から求めた加熱量 Q_2（破線）．鉛直積分量を数値で示す．(b) 温位（実線）と相当温位（破線）．(c) 1000 hPa との間の平均気温減率．点線で乾燥断熱減率を示す（Yoshizaki *et al.*, 2004 より作成）．

ることがわかる．期間 I（図 9.4 の太字）に着目すると，$\langle Q_1-Q_R \rangle$ は期間 III（斜字）に比べて約 2 倍であり，式 (9.1) から降水量および顕熱はかなり大きいことになる．ここで，期間 I での顕熱の大きさを評価してみる．降水量は海面からの蒸発量の半分程度（$LP \sim LH/2$）と考え，$\langle Q_1-Q_R \rangle \sim -3\langle Q_2 \rangle$（図 9.4 の太字）を式 (9.1), (9.2) に代入すると，$SH \sim LH$ と推定できる．このことから，期間 I での海面からの熱（顕熱）輸送は水蒸気（潜熱）輸送に匹敵する大きさであることがわかる．具体的な SH と LH の推定方法については次節で述べる．

ここで，比較のために，梅雨期の東シナ海上での海面からの大気への顕熱と潜熱の輸送量について簡単に触れる．詳しくは，長谷・新野（2005）を参照してほしい．東シナ海領域でみると，$\langle Q_1-Q_R \rangle \sim \langle Q_2 \rangle$ となる．これを式 (9.3) に代入すると，$SH+LH$ は $\langle Q_1-Q_R \rangle$ や $\langle Q_2 \rangle$ に比べると非常に小さくなり，式 (9.1) と (9.2) より，海面からの顕熱と潜熱の輸送量は降水量よりかなり少ないことがわかる．このことは，梅雨期の降水は東シナ海以外の領域から，すなわち太平洋高気圧の縁辺を移流してくる高温・多湿な空気塊によってもたらされていることを意味している（第 6 章参照）．

以上から，冬季日本海域での大気構造の特徴は梅雨期と大きく異なり，つぎのようにまとめられる．日本海上では海面からの熱と水蒸気が供給され，大気下層

に対流混合層が形成される．特に，強い寒気が流入するときには，大気の安定度が著しく低下する．その結果，積乱雲が発生しやすくなって日本海側に豪雪がもたらされるのである．

9.2 日本海上における気団変質

前節では，日本海側の降雪に対し，日本海上での海面から大気下層への顕熱 SH と潜熱 LH の輸送が重要な役割を果たしていることを述べた．ここでは，その過程を詳しくみてみる．乾燥して寒冷な大陸上では，大気は絶対安定な成層状態をしている．その大陸上から空気塊が日本海上に流出すると，相対的に暖かい海面上を吹走する際に海面から大量の熱と水蒸気が補給される．その結果，大気の安定度の低下と大気下層の湿潤化がもたらされ，潜在不安定な（積乱雲が発生しうる）状態がつくり出される．この過程を気団変質という．

SH や LH の大きさを見積もる手段の1つに，バルク法がある．バルク法では，SH は，海面水温 SST，海面付近の大気の温度 T_s，海面付近の風速 V_s を使って，

$$SH = C_{pd}C_T V_s (SST - T_s) \tag{9.4}$$

で計算される．ここで，C_T は温度のバルク係数であり，C_{pd} は乾燥大気における定圧比熱である．LH も同様に，海面温度における飽和水蒸気量 q_{vs}，大気の水蒸気量 q_v，水から水蒸気への蒸発熱 L_v，水蒸気のバルク係数 C_q を使って，

$$LH = L_v C_q V_s (q_{vs} - q_v) \tag{9.5}$$

で計算される．C_T と C_q は風速の関数であるが，海上ではほぼ 0.00125 である．詳しくは，近藤（1982）をみてほしい．

冬季日本海上の平均的な値として，$V_s \sim 10 \text{ m s}^{-1}$，$SST - T_s \sim 10$ K，$q_{vs} - q_v \sim 6 \text{ g kg}^{-1}$ とすると，式 (9.4), (9.5) から $SH \sim 125 \text{ W m}^{-2}$，$LH \sim 190 \text{ W m}^{-2}$ となる．この値および期間III（図 9.4a）の $\langle Q_1 - Q_R \rangle$ と $\langle Q_2 \rangle$ を式 (9.1), (9.2) に代入すると，日本海上での降水量は約 0.14 mm h^{-1}（$LP \sim 100 \text{ W m}^{-2}$）となる．また，期間I（図 9.2b）での強い寒気の南下・停滞時（$SST - T_s \sim 25$ K，$q_{vs} - q_v \sim 10 \text{ g kg}^{-1}$）では，$SH \sim 310 \text{ W m}^{-2}$，$LH \sim 310 \text{ W m}^{-2}$ と見積もられ，日本海上での降水量は約 0.21 mm h^{-1}（$LP \sim 150 \text{ W m}^{-2}$）となる．期間Iにおいて，日本海上（図 9.2a の領域 1）での水蒸気増加分（$-\langle Q_2 \rangle \times$領域面積）すべてが下流の日本海側（領域 2A）での降水になると考えると，領域 2A と領域 1 との面積

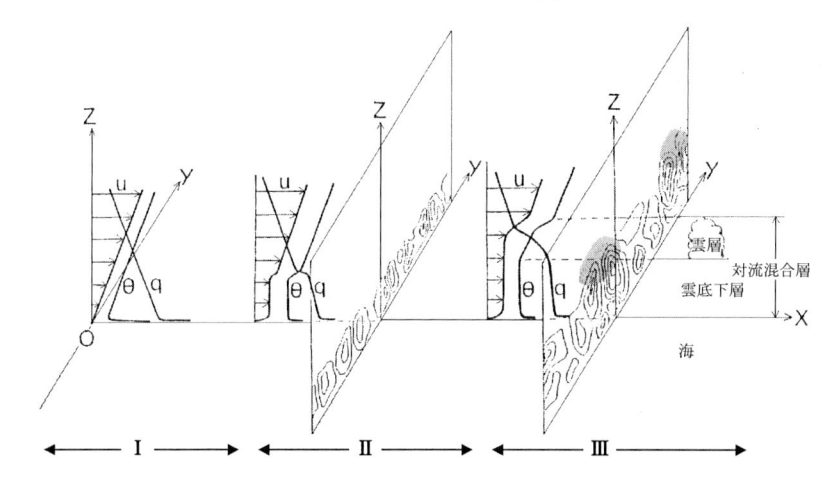

図 9.5 数値モデルで再現された気団変質の概念図. u は x 方向の風速, θ は温位, q は混合比, 風上から下流を I～III で示す. 実線は温位 (K), 破線は混合比 (g kg^{-1}), 陰影は雲域を表す (Nakamura and Asai, 1985).

比が 1:2 なので, 領域平均降水量は約 0.46 mm h^{-1} となる. 実際には, この量の半分程度が, 観測された降水 ($\sim$0.2 mm h^{-1}; 図 9.2b の期間 I) になっていると考えられる.

つぎに, 簡単な 3 次元数値モデルによる計算結果 (Nakamura and Asai, 1985) から, 気団変質の過程を詳しくみてみる. 数値モデルの水平分解能は, 流れの x 方向には 200 km と粗くし, 流れ方向に直交する y-z 断面では 100 m と雲が解像できるサイズとした. 図 9.5 は計算結果の概念図である. 気団変質を受けていない風上 (図 9.5 の領域 I) では, 地表付近を除いて, 温位 θ は高度とともに一定に増加している. 海面付近が絶対不安定になっているので, 乾燥対流が発生して θ が一定な対流混合層が発達する (図 9.5 の領域 II). そして, 下層の空気塊が持ち上げ凝結高度に達すると, 湿潤対流 (雲層) が発生する (図 9.5 の領域 III). その後, 海面と大気との温度差が小さくなるとともに海面からの水蒸気供給を受け, 大気下層では相対湿度が 100% に近くなる (θ_e が飽和相当温位に近づく). このような状態になると, 対流混合層はそれ以上発達しなくなる. また, 雲底 (持ち上げ凝結) 高度は水蒸気供給を受けて徐々に低くなるので, 日本海側に近づく頃には対流混合層内では, 図 9.4b で示したように θ_e はほぼ一定となる.

しかし, このような気団変質は, 日本海上で一様に起こっているわけではない. 気団変質をもたらす海面からの SH は, 大気と海面との温度差の大きいウラジオ

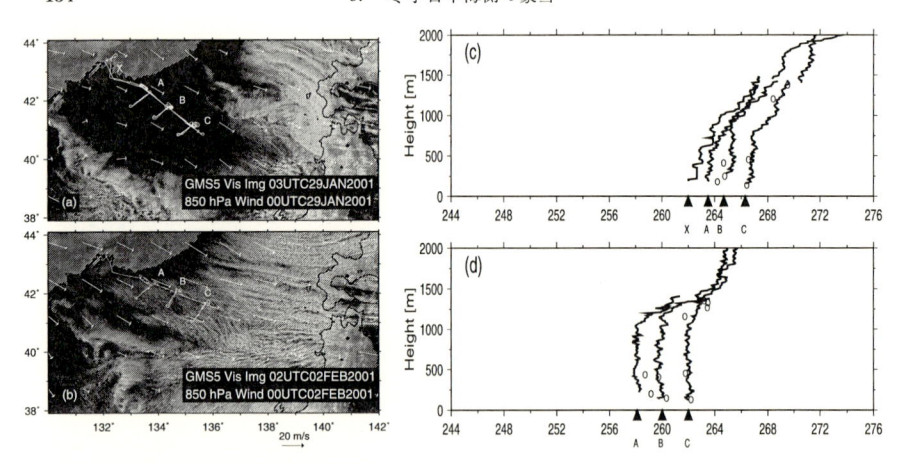

図 9.6 (a) 2001 年 1 月 29 日, (b) 2 月 2 日の気象衛星の可視画像と 850 hPa 面の風ベクトル. 白線は航空機のフライトコース. (c) 1 月 29 日, (d) 2 月 2 日に観測された温位の鉛直プロファイル. (a) と (b) に X, A, B, C の観測点をそれぞれ示す (Inoue et al., 2005).

ストク沖付近で最も大きく, 式 (9.4) から見積もると 400 W m^{-2} 以上になることがしばしばある. ここでは, その領域を航空機で観測した結果をみてみる. 図 9.6a, b はそのときの気象衛星の可視画像と航空機のフライトコースである. 1 月 29 日は日本海への寒気流入が弱いとき (図 9.6a), 2 月 2 日は寒気流入が強まり始めたとき (図 9.6b) である. 観測された温位の鉛直プロファイルを図 9.6c, d に示す. 大陸から遠ざかるほど地表付近の θ が上昇し, 対流混合層が発達している様子がわかる. また, 寒気流入の強い (θ の低い; 図 9.6d) 方が, 気団変質 (下層の θ 上昇) の程度が大きく, 対流混合層も発達している.

このように, 気団変質過程では, 海面からの水蒸気供給と海面と大気下層の温度差が非常に重要である. すなわち, 相対的に暖かい日本海の海面があることで気団変質が起こり, 積乱雲が発生しうる状態がつくり出されるのである.

9.3 寒気流入と等温位面渦位

冬季日本海上では, 海面からの熱・水蒸気の輸送による気団変質によって下層の相当温位が高くなり, 潜在不安定な (積乱雲が発生しうる) 状態がつくられる. 変質した空気塊は山岳の風上斜面で強制的に上昇し, 主に山岳部を中心として降雪がもたらされる. しかし, 気団変質だけでは平野部に豪雪をもたらすような積乱雲には発達しない. 冬季日本海上の気温は低い (~5℃以下) ので, 積乱雲が高

い高度まで発達するためには，図 9.4c の太い実線のように大気の安定度が大きく低下しなければならない（図 3.6 参照）．したがって，上空に強い寒気をともなった深い気圧の谷が南下・停滞することが必要となる．ここでは，等温位面渦位 P_θ（isentropic potential vorticity）という概念から，大気の安定度の低下をもたらす強い寒気流入について説明する．

P_θ は，等温位面上の絶対渦度と静的安定度 $\partial\theta/\partial z$ $(=-\rho g\partial\theta/\partial p)$ の積から

$$P_\theta = -g\frac{\zeta_\theta + f}{\partial p/\partial \theta} \tag{9.6}$$

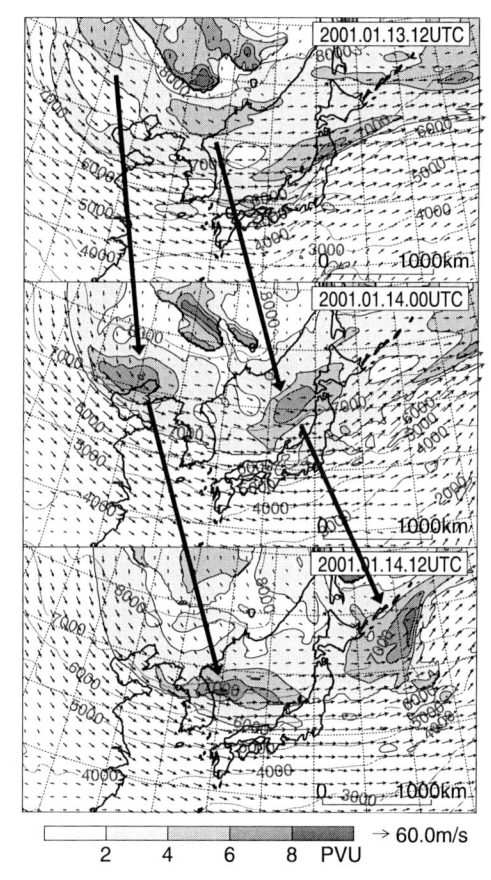

図 9.7 2001 年 1 月 13 日 21 時～14 日 21 時の $\theta = 300\,\mathrm{K}$ の等温位面における渦位の水平分布．気象庁領域解析データから作成．影域は渦位，等値線は高度を表す．

で計算できる[*]．ここで，ρ は大気の密度，g は重力加速度である．等温位面上の絶対渦度は，等温位面上の鉛直渦度

$$\zeta_\theta = \left(\frac{\partial v}{\partial x}\right)_\theta - \left(\frac{\partial u}{\partial y}\right)_\theta \tag{9.7}$$

とコリオリパラメータ f の和（$\zeta_\theta + f$）である．添え字の θ はこれらの計算が等温位面上で行われることを意味する．渦位の詳しい解説については，二階堂（1986a, b）や小倉（2000）を参照してほしい．

[*] 式 (9.6) は鉛直成分のみの近似であり，水平スケールが鉛直スケールより十分大きな場合にのみ成り立つ．

P_θ は断熱・非粘性という場合に保存することが知られている．その条件では，風，θ，密度などは時間とともに独立には変化せず，式 (9.6) を満たす（P_θ が保存する）ように変動する．したがって，大規模場で対流活動のない領域を考えると，断熱・非粘性の条件がほぼ満たされるので，P_θ は空気塊のトレーサーとして利用できる．

冬季日本付近における P_θ 分布とその時間変化の具体例を図 9.7 に示す．6PVU（PVU は渦位の基本単位，10^{-6} m^2 s^{-1} K kg^{-1}）以上の数百〜1000 km スケールの P_θ 域が，ほぼ 1 日ごとに西から日本海上に移流してきている（図 9.7 の矢印）．その通過時に，日本海側の平野部を中心に豪雪がもたらされた．このように高 P_θ 域の移流は豪雪と密な関係にある．

つぎに，高 P_θ 域の移流が大気状態にもたらす変化について説明する．このために，圏界面付近に孤立した軸対称の正の渦位偏差がある仮想的な大気を考えてみる．基本場では，f を一定とし，高さ 10 km に圏界面を（その高度より上空で $\partial\theta/\partial z$ を大きく）とり，温位の水平傾度はなく，無風であるとする．その圏界面付近に，軸対称の正の P_θ 偏差を重ねると，式 (9.6) を満たすような流れと θ 偏差（基本場からのずれ）が誘起される．図 9.8 は，正の P_θ 偏差がある場合の水平風速と θ の分布である．正の P_θ 偏差域では絶対渦度と静的安定度がともに大きい．これを反映して，低気圧性の渦が誘起され，圏界面は下がり，その付近では $\partial\theta/\partial z$ が大きくなる．一方，対流圏中下層では，θ は渦の中心付近ほど低下し，θ 面は盛り上がることで $\partial\theta/\partial z$ は小さくなる（大気の安定度は低下する）．このような渦を寒冷渦（cold vortex）と呼ぶ．

正の P_θ 偏差が静止していれば，θ 分布と水平風がバランスして鉛直流は生じない．しかし，この P_θ 偏差が移流すると，渦の周囲には鉛直流が生じる．たとえ

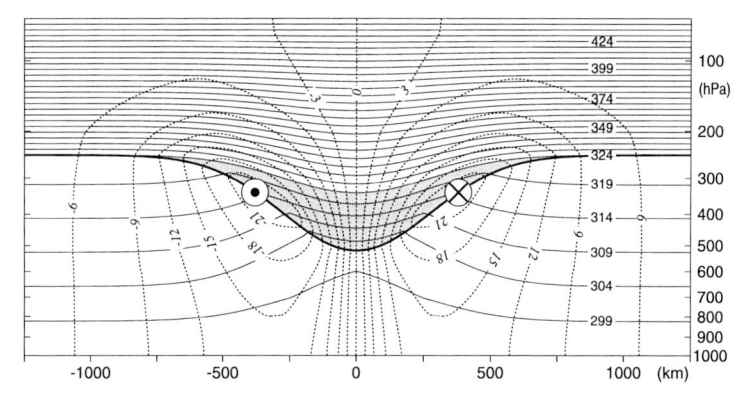

図 9.8 北半球における対流圏界面付近に存在する仮想的な渦位偏差（影域）にともなう水平風速（点線，m s^{-1}）と温位（実線，K）の分布．太い実線は対流圏界面，⊙ と ⊗ は紙面に対して手前と背後に向かう風向を示す（Hoskins et al., 1985）.

ば，P_θ 偏差が東に移流すると，対流圏中下層では渦の東側に上昇流ができ，西側に下降流ができる．このように，正の P_θ 偏差の移流は，対流圏中下層の大気の安定度を低下させるだけでなく，上昇流も誘起し，積乱雲が発達しやすい環境場をつくり出すのである．

このように，日本海上では，気団変質によって下層の相当温位が高くなることに加えて，高 P_θ 域の流入にともなって中下層の気温が下がって大気の安定度を低下させ，上昇流が形成されることで積乱雲が発達しやすい状態がつくり出される．具体的には，地表付近と 500 hPa との平均気温減率は 8 K km^{-1} 程度になり，積乱雲の潜在的発達高度は 3 km を超える（図 3.6 参照）.

また，高 P_θ 域は，冬季だけではなく暖候期にもしばしば日本列島上に移流してくる．たとえば，夏に広範囲な熱雷が発生する事例では，この移流がよくみられる．ただ，高 P_θ 域の存在を確かめるためには，その影響が地上天気図には表されないので，500 hPa より上空の高層天気図の温度場などをみる必要がある．

9.4 山雪型豪雪と里雪型豪雪

日本域での 1971 年〜2000 年の平均年最深積雪の分布を図 9.9 に示す．年最深積雪は，新潟県から長野県北部にかけての山岳地帯で 200 cm を超え，本州の平野部では 100 cm に満たない．このことから，日本海側の降雪は山岳部を中心にもたらされることがわかる．このような山岳部を中心とした降雪による豪雪は山

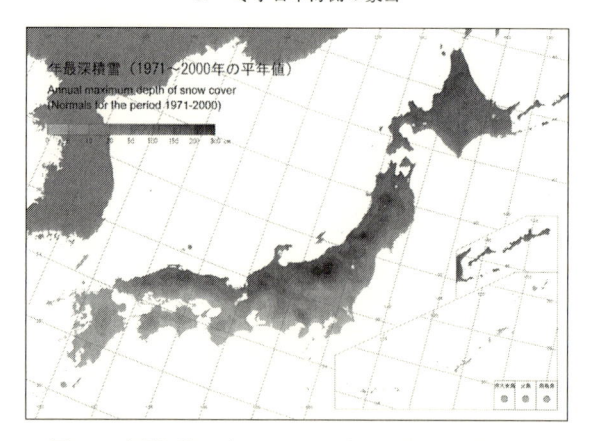

図 9.9　年最深積雪 (1971〜2000 年の平均値, 気象庁).

雪型豪雪と呼ばれる．また，図 9.8 で示したような高 P_θ 域の移流時には，豪雪は山岳部よりむしろ平野部で発生することがよくある．このような平野部で発生する豪雪は里雪型豪雪と呼ばれる．山雪型豪雪と里雪型豪雪の発生は，大規模場の変動と密接に関係していることが知られている（Akiyama, 1981a, b）．ここでは，この 2 つの豪雪パターンについて，北陸地方から東北地方にかけての日本海側に豪雪がもたらされたときの大規模場の特徴から説明する．

まず，山雪型豪雪時の降水量分布（図 9.10a 左図）をみると，標高 500 m 以上の領域に降水のピークがある．地上天気図（図 9.10b 左図）をみると，北海道東方に低気圧があり，日本列島付近では東西に等圧線が混み合った「西高東低」の冬型の気圧配置になっているため，日本海上では北西の季節風が強く吹いている（図 9.10c 左図）．つぎに，里雪型豪雪時の降水量分布（図 9.10a 右図）をみると，標高 500 m 以下の領域で降水のピークがある．地上天気図（図 9.10b 右図）をみると，「西高東低」の冬型の気圧配置だが，山雪型のパターン（図 9.10b 左図）に比べると日本海上の等圧線の間隔は広くなっている．このために，山雪型のパターン（図 9.10c 左図）より，日本海上での風速が弱くなっている（図 9.10c 右図）．このように，山雪型と里雪型豪雪時における大規模場の特徴の違いは，下層風速の強弱（地上気圧パターン）によく現れている．

一般に，日本の東海上で低気圧が発達するときに，冬型の気圧配置が強化され，日本海上では対流圏全層で強風が吹く（図 9.10c 左図，図 9.11 左図）．海上で発生した積乱雲は強風により山岳部まで達し，山岳での強制上昇による降雪の生成も

9.4 山雪型豪雪と里雪型豪雪　　139

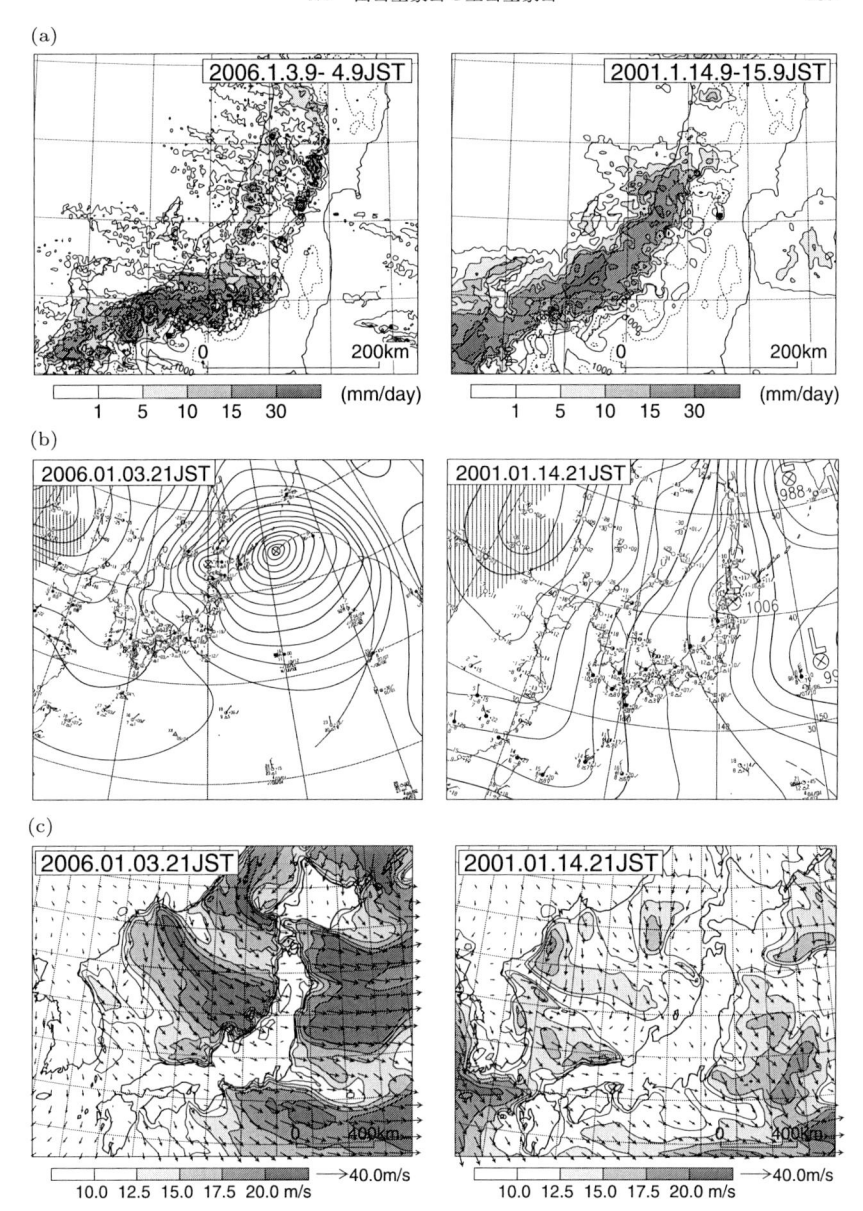

図 9.10 (a 左図) 山雪型豪雪 (2006 年 1 月 4 日 9 時までの 1 日積算降水量分布) と (a 右図) 里雪型豪雪 (2001 年 1 月 15 日 9 時までの 1 日積算降水量分布) の例．等値線で標高を示す．(b) 2006 年 1 月 3 日 21 時 (左図) と 2001 年 1 月 14 日 21 時 (右図) の地上天気図．(c) (b) と同時刻の気象庁領域解析による地上付近の風速分布．

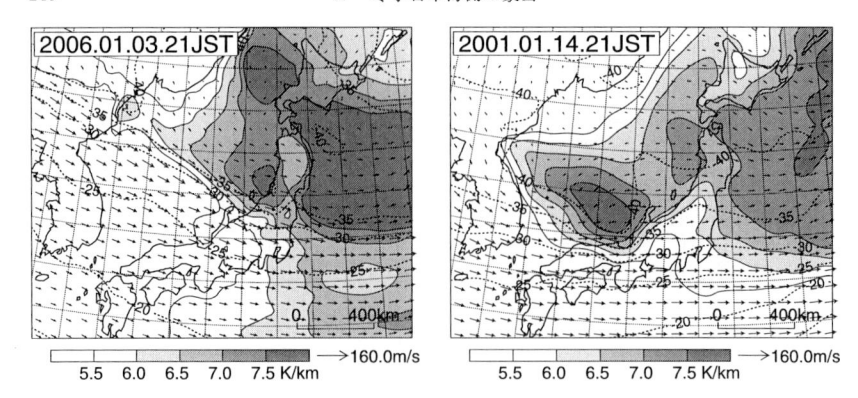

図 9.11 図 9.10c と同じ．ただし，500 hPa と 1000 hPa との間の平均気温減率（陰影），500 hPa の温度（等値線）と水平風ベクトル．

加わって山岳部での降雪量が多くなる．このようなときに，山雪型豪雪が発生しやすい．一方，日本海上空が強い寒気に覆われているとき（図 9.11 右図）は，冬型の気圧配置が緩み（日本海上の風速が弱くなり），日本海側の海岸線付近に下層風収束場が形成されやすい．日本海上で気団変質を受けた空気塊がその収束場に流入して，海岸線付近で積乱雲を発達させ，風が弱いために積乱雲は山岳部に達する前に海岸平野部を中心に降雪をもたらす．大気の安定度（図 9.11 右図）をみると，強い寒気により豪雪域風上の日本海上で気温減率がかなり大きくなるので，積乱雲の潜在的発達高度が高くなる．このような環境場では，山岳による強制上昇がなくても，積乱雲が発達することで里雪型豪雪が発生する．このとき，日本海側にメソスケールの擾乱がしばしば発生・停滞し，それにより局地的な豪雪がもたらされることがある．それについては次章で述べる．

10
豪雪をもたらすメソスケール擾乱

 前章で述べたように，冬季日本海上では気団変質によって積乱雲が発生して，日本列島の日本海側に降雪がもたらされる．強い寒気の流入時に，大気の安定度が低下して，積乱雲が発達して豪雪となる．このとき日本海上では，さまざまなメソスケールの擾乱がしばしば発生する．それらは，地形の影響を強く受けている（地形性の）擾乱と，そうでない（非地形性の）擾乱に分けられる．

 地形性の擾乱としては，朝鮮半島の付け根から発して日本列島に伸びる帯状雲，日本海沿岸部でみられる線状降水帯（降雪バンド）などがある．これらは地形の影響により，ほぼ同じ場所で積乱雲が繰り返し発生するために降雪域は局地集中化して，豪雪がもたらされることになる．非地形性の擾乱としては，小低気圧などがある．

 本章では，強い寒気をともなった深い気圧の谷が日本海上空に南下・停滞していた，2001 年 1 月中旬に発生した帯状雲と降雪バンドを取り上げる．それらの擾乱は，北陸地方を中心とした日本海沿岸地域に豪雪をもたらした．

10.1　日本海寒帯気団収束帯（$JPCZ$）および近傍に発生する擾乱

 冬季日本海上に北西季節風が卓越するとき，その風に沿った走向の筋状雲が多数みられる．その中に，朝鮮半島の付け根から日本の北陸・山陰地方に達する顕著な雲域がよく現れる．この雲域は帯状雲と呼ばれ，それが到達する日本列島の日本海側ではしばしば豪雪がもたらされる（岡林，1972；内田，1979）．

 図 10.1 は，2001 年 1 月 14 日 15 時の気象衛星の雲画像と約 4 時間後の QuikSCAT 衛星の観測データから推定された海上風のパターンである．雲画像（図 10.1a）で

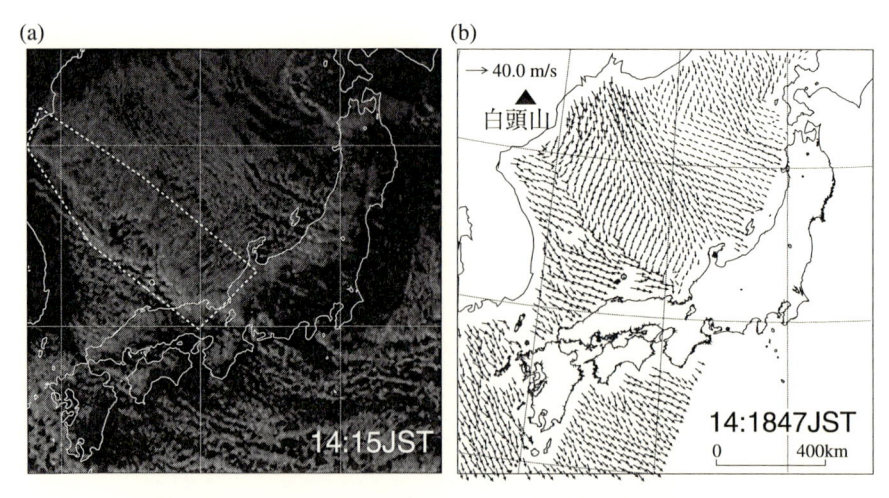

図 10.1 (a) 2001 年 1 月 14 日 15 時における気象衛星による雲画像．破線で帯状雲の領域を示す．(b) 18 時 47 分の QuikSCAT 衛星の観測データから推定された海上風のパターン．

は，朝鮮半島の付け根付近から南東方向に伸びる帯状雲が顕著である．海上風の分布（図 10.1b）では，帯状雲の南西端に沿って強い水平シアを伴う水平風の収束帯の存在が確認できる．この収束帯は日本海寒帯気団収束帯（JPCZ: Japan Sea Polar air-mass Convergence Zone）と呼ばれ，白頭山付近の山脈や海陸分布（日本海と朝鮮半島）などの影響によって形成されることが知られている（Nagata et al., 1986; Nagata, 1991）．この JPCZ に対応して，帯状雲が発生している様子がわかる（図 10.1）．

雲画像（図 10.1a）で帯状雲の周辺を詳しくみると，さまざまな走向の雲列がみられる．帯状雲の南西端には，JPCZ に沿って発達した積乱雲列が存在する．その雲列の北東側には，北西季節風と直交する方向に伸びる雲列–直交型筋状雲（transverse mode clouds；T モード雲と呼ぶ）が存在する．これら 2 種類の雲列が帯状雲を形成している．また，帯状雲を挟むように，北西季節風に沿った雲列–平行型筋状雲（longitudinal mode clouds；L モード雲と呼ぶ）がみられる．

帯状雲やその周辺の筋状雲について，これまでに多くの研究がなされてきた．L モード雲の成因は，鉛直シア流中のロール状対流であることがよく知られている（Asai, 1970）．一方，T モード雲の形成について，気象レーダー，高層観測，気象衛星の雲画像データの解析から，L モード雲と同様に鉛直シアに平行なロール状対流雲であるとした研究（八木，1985）や，帯状雲南西端の最も活発な積乱雲

列から流出した層状雲であるとした研究（メソ気象調査グループ，1988）などがあり，見解が分かれている．

ここで，航空機によって山陰沖で行われた帯状雲の横断観測結果（口絵4）から，2001年1月14日に発生した帯状雲とその周辺の雲の詳細な構造をみてみる．気象レーダー（口絵4右上図）をみると，降水強度の強い領域が帯状雲に対応し，積乱雲列とそれに直交して並ぶTモード雲が顕著である．口絵4右下図は，航空機に搭載された雲レーダーがとらえた航空機直下の雲パターンである．これらから，帯状雲南西端の積乱雲列の雲頂高度が最も高いことや，Tモード雲は南西ほど雲頂高度が高いことがわかる．またその周りには帯状雲よりも背の低い積雲がみられる．その様子を，右上図の①～③の地点で撮影した写真（口絵4左図）から確かめてみる．①をみると，手前（北東方向）に背の低い積雲があり，遠方（南西方向）に背の高い積乱雲と層状雲がみえる．②は発達した積乱雲列付近であり，その積乱雲から流出した層状雲がみられる．③には多くの積雲がみられるが，層状雲をともなうほどには発達していない．

航空機観測からわかった帯状雲およびその周辺の雲の様子の概念図を図10.2に示す．これは，帯状雲に直交する方向をみた鉛直断面図である．最も背の高い積乱雲列は，下層で南西からの相対的に暖かい風と北東からの冷たい風が収束する帯状雲の南西端に存在する．その積乱雲列の北東側にはTモード雲がある．Tモード雲域の上層は，主に積乱雲列から風下（北東）側に流される雲氷や雪の粒子によって形成される層状雲であるようにみえる．しかしながら，気象レーダー（口絵4右上図）や気象衛星の雲画像を詳しく調べると，Tモード雲域の下層には積雲が存在していた．また帯状雲の西側に存在するLモード雲の高さは，南西側の方が高い．

この帯状雲を，水平分解能1 kmの非静力学雲解像モデル（1 km-NHM）によ

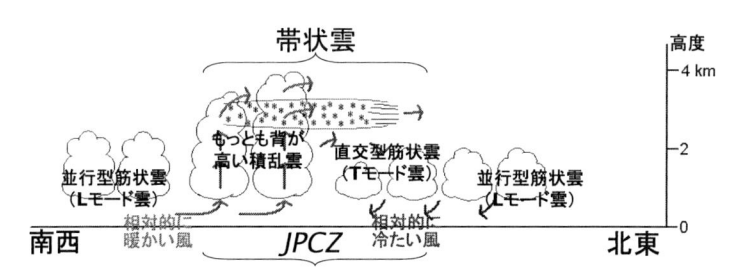

図 **10.2** 帯状雲およびその周辺の雲に関する概念図（村上ほか，2005）．

る再現結果から詳しくみてみる．同じ時刻の気象衛星の雲画像（図 10.1a）と比較すると，帯状雲の南西端で北西から南東に伸びる発達した積乱雲列やその北東側の T モード雲など，帯状雲の詳細な雲構造がよく再現されている（図 10.3）．ここで，1 km-NHM で再現された帯状雲に直交する断面（図 10.4）をみてみる．雪の混合比の分布（図 10.4a）から，帯状雲の南西端に最も背が高い積乱雲があり，その北東側の T モード雲は積乱雲列に近い南西側ほど背が高くなっていることがわかる．T モード雲域には，T モード雲と平行に上昇流と下降流の列が交互に並んだロール状対流のパターンがみられる（図略）．帯状雲の南西側に再現された L モード雲は，北東側のものよりも背が高い．また，温位分布（図 10.4b）から，帯状雲の南西側の大気が北東側より暖かいことがわかる．これらの特徴は，航空機観測（口絵 4）とよく一致している．

ここで，T モード雲域の形成メカニズムについて考えてみる．T モード雲域では，地表付近では北風，高さ 3 km 付近では西風になっているので，その領域の風の鉛直シアの方向はほぼ北東を向いていることになる（図 10.4）．このような鉛直シアがあると，その方向に平行なロール状対流雲が形成される（Asai, 1970）．航空機観測で顕著にみられた層状雲については，1 km-NHM の結果でも弱いながらも積乱雲列や発達した T モード雲の上層にみることができ，南西風によって T

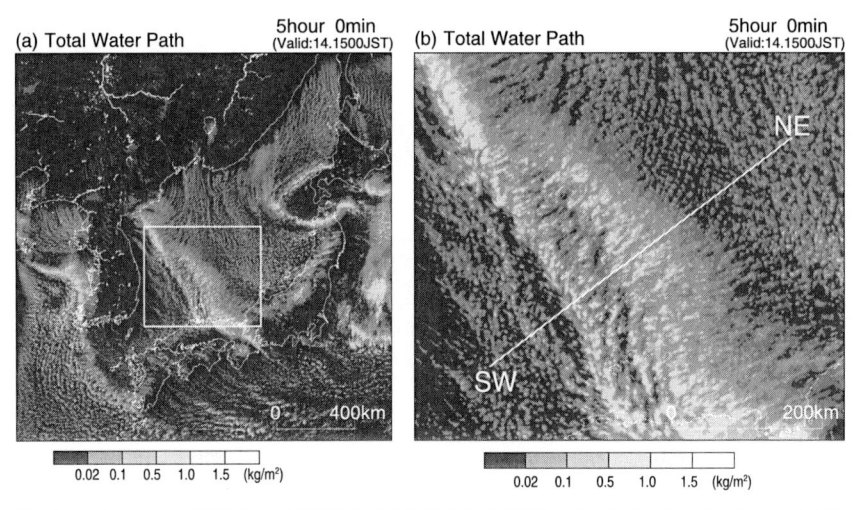

図 10.3　(a) 1 km-NHM による凝結した全水物質の鉛直積算量の水平分布．(b) は (a) の白枠を拡大したもの．計算開始して 5 時間後のパターンである（永戸, 2005）．

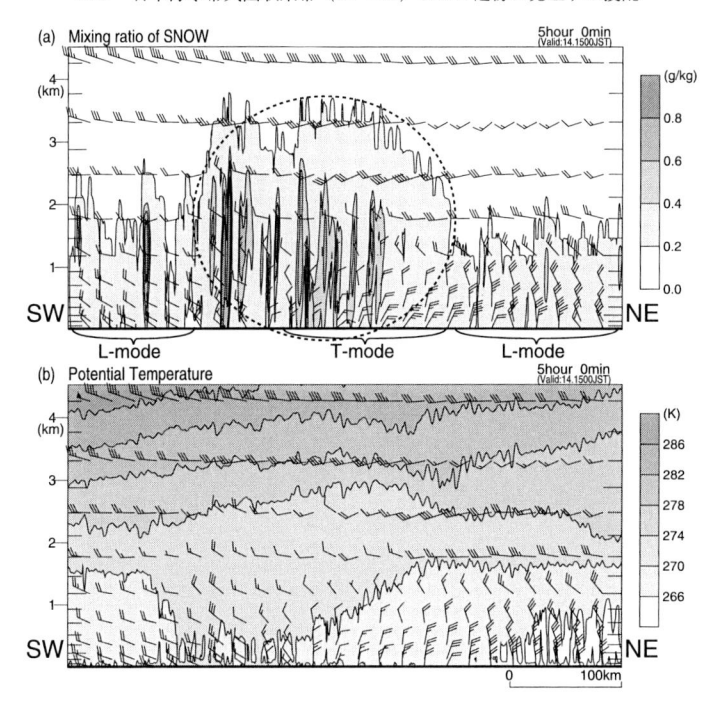

図 10.4 図 10.3b の白線に沿った (a) 雪水量と (b) 温位の鉛直断面図. 図の左端が南西端にあたる. 破線で帯状雲の領域を示す. 全矢羽, 半矢羽はそれぞれ $5\,\mathrm{m\,s^{-1}}$, $2.5\,\mathrm{m\,s^{-1}}$ の水平風速を示す (永戸, 2005).

モード雲の走向と同じ北東方向に吹き流されていた (図略). これらから, T モード雲域は, ロール状の対流雲および上層の層状雲が共存して形成されていたことがわかる.

つぎに, T モード雲の 3 次元構造やその詳細な形成過程について, ドップラーレーダー観測データを用いた詳細な解析 (清水・坪木, 2005) からみてみる. 気象衛星の雲画像にレーダー反射強度を重ね合わせたものを図 10.5a に示す. 南西から北東の走向に伸びる T モード雲が存在し, レーダー反射強度分布とよく対応している. 同じ頃に輪島で観測された水平風の鉛直プロファイル (図 10.6) をみると, 高度 1～2 km にかけての鉛直シアは北東の方向であり, T モード雲の走向と一致している. また, レーダー反射強度の水平パターン (図 10.5b) をみると, 発達した T モード雲 (たとえば, 図 10.5b の点線の長方形) の長さは 100 km 以上, 幅は 5～10 km である. レーダー反射強度の時間変化を詳しく調べたところ, この T モード雲は, 長さ約 30 km の複数のメソ対流系が連なることで形成されて

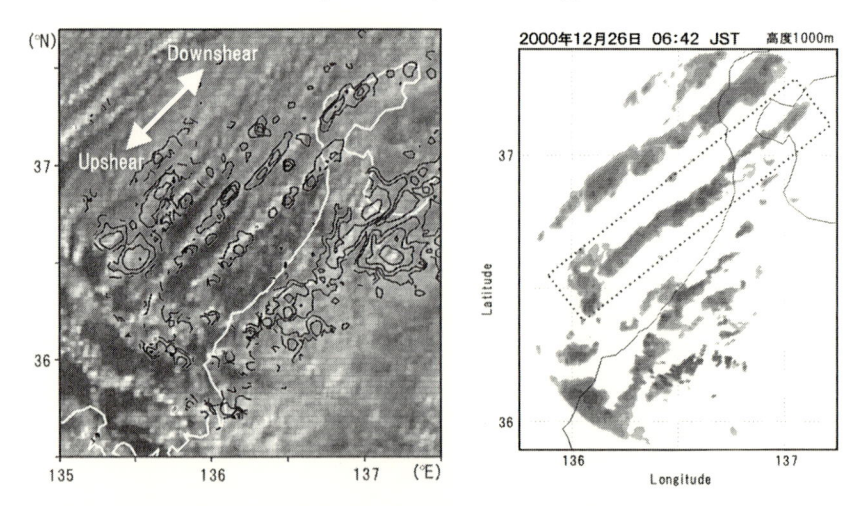

図 10.5 (a) 2000 年 12 月 26 日 8 時 30 分の気象衛星の雲画像（陰影）と 8 時 41 分の高度 1.25 km のレーダー反射強度分布（実線）．図 10.6 での鉛直シアの方向を downshear で示す．(b) 同日 6 時 42 分の高度 1.0 km のレーダー反射強度分布（清水・坪木, 2005）．

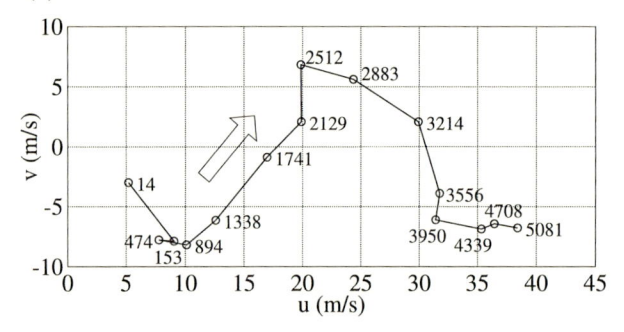

図 10.6 2000 年 12 月 26 日 9 時に輪島で観測された水平風の鉛直分布．数字は高度（m），矢印は高度 1〜2 km の水平風から見積もった鉛直シアベクトルの方向を示す．

いた．さらに，鉛直断面（図 10.7）をみると，1 つのメソ対流系（強反射強度域）の風上（upshear）方向に下降流が存在し，その風上側に水平風収束がつくられていた．その水平風収束域で新たな積乱雲が発生していた．以上のように，T モード雲は，5.4 節で述べたような階層構造をもち，線状降水帯を形成している．

10.2 日本海沿岸にみられる降雪バンド

強い寒気をともなった深い気圧の谷が日本海上空に南下・停滞するときに，大

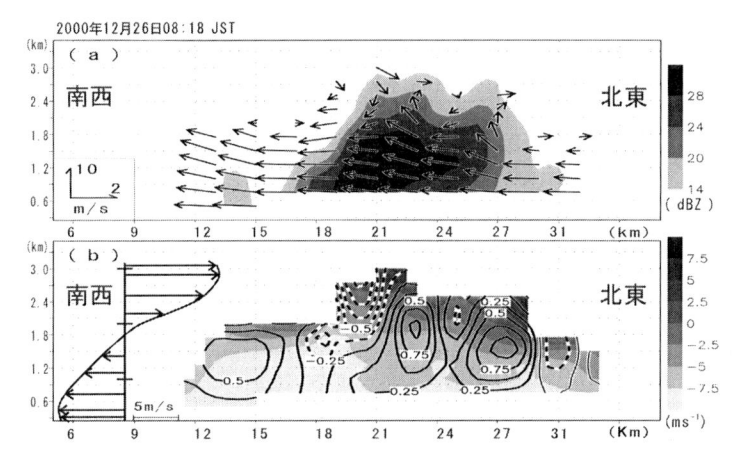

図 10.7 2000 年 12 月 26 日 8 時 18 分 T モード雲の走向に平行な水平–高度断面図．(a) レーダー反射強度（陰影）と断面に平行な風（ベクトル）．(b) 断面に平行な水平風（陰影）と鉛直流の等値線（実線は正値，破線は負値，0.25 m s^{-1}ごと）．左のプロファイルは輪島の風の鉛直プロファイルを表し，この断面に平行な成分のみを示す．この場合，左側が upshear 側になる（清水・坪木, 2005）．

気の安定度が低下して積乱雲が発達しやすくなることをこれまで述べてきた．このとき，日本海上から陸上に流入する下層の高相当温位（高 θ_e）の空気塊は，山岳による滑昇流（強制上昇）がなくても，海岸付近での水平風収束で持ち上げられ，発達した積乱雲を形成して豪雪をもたらすことがある．このような水平風収束は，海陸の大きな温度差に起因する陸風と北西季節風によって海岸付近でしばしば形成される．この収束線上で積乱雲が発生・発達し，組織化して降雪バンドがつくられる．このような降雪バンドが，北海道，東北，北陸などの日本海沿岸でしばしば観測される（藤吉ほか, 1988; Tsuboki et al., 1989a, 1989b; Ishihara et al., 1989）．ここでは，2001 年 1 月に北陸地方の沿岸部で観測された降雪バンドを例に，その発生・維持メカニズムについて述べる．

2001 年 1 月 16 日には，富山湾付近から新潟県の沿岸部にかけて，メソ β スケールの降雪バンドによって豪雪がもたらされた（図 10.8a）．降雪バンドは，沿岸に散在していた積乱雲が組織化することで形成され，約半日間ほぼ同じ場所に停滞した（図 10.8b）．降雪バンドが形成された頃（8～11 時），上越でのウインドプロファイラー観測では，高度 300 m 以下では陸から海に向かう風（陸風）であった．また，海上では弱い北西季節風の場であった（図 1.2b 右図）．以上から，陸風と

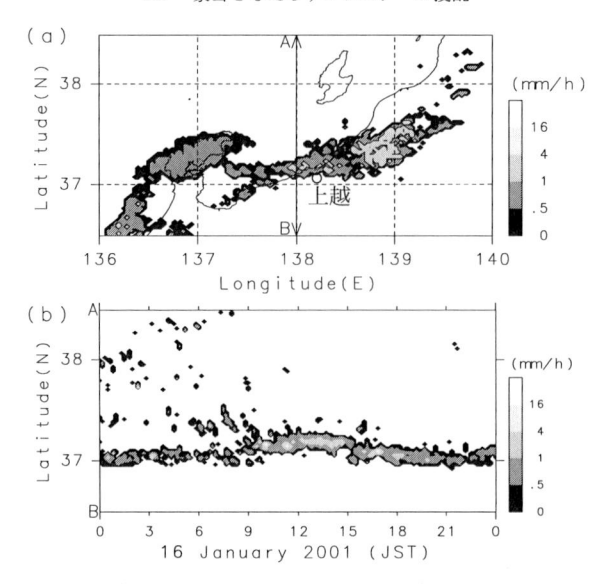

図 10.8 気象レーダーで観測された (a) 2001 年 1 月 16 日 14 時の降水強度分布と (b) 東経 138 度線 ((a) の線分 AB) における降水強度の時間・緯度断面図 (Eito *et al.*, 2005).

北西季節風との収束が降雪バンド発生の要因であると考えられる.

つぎに,降雪バンドの維持メカニズムについて考えてみる.上越でのウインドプロファイラーでは,11 時以降に南風(陸風)は観測されていないにもかかわらず,降雪バンドは 21 時頃まで持続した.水平分解能 1 km の非静力学雲解像モデル(1 km-NHM)の再現結果をもとに,この原因について説明する.

まず,1 km-NHM が再現した降雪バンドの構造(図 10.9)をみてみる.降雪バンドは沿岸域に東西方向に伸び,東側ほど幅が広い(図 10.9a).積乱雲は降雪バンドの北縁付近で発生し,東南東に移動しながら水平スケール 20 km 程度のメソ対流系に組織化した(図略).降雪バンドは,そのような複数のメソ対流系で構成されていた.鉛直流(図 10.9b)をみると,降雪バンドの北縁に沿って強い上昇流域が存在している.この領域と,地表付近での顕著な水平風の収束域(図 10.9c)とが対応している.このような降雪バンドの特徴は,同時期に行われたドップラーレーダー観測によっても確認されている.また,降雪バンド下層には冷気域があり,その北縁は水平風の収束線とほぼ一致している(図 10.9c).鉛直断面図(図 10.10a)をみると,この冷気域は降雪バンド下層約 500 m に局在していて,周囲より気温が約 1 K 低い.また,θ_e の鉛直断面図(図 10.10b)をみると,降雪バン

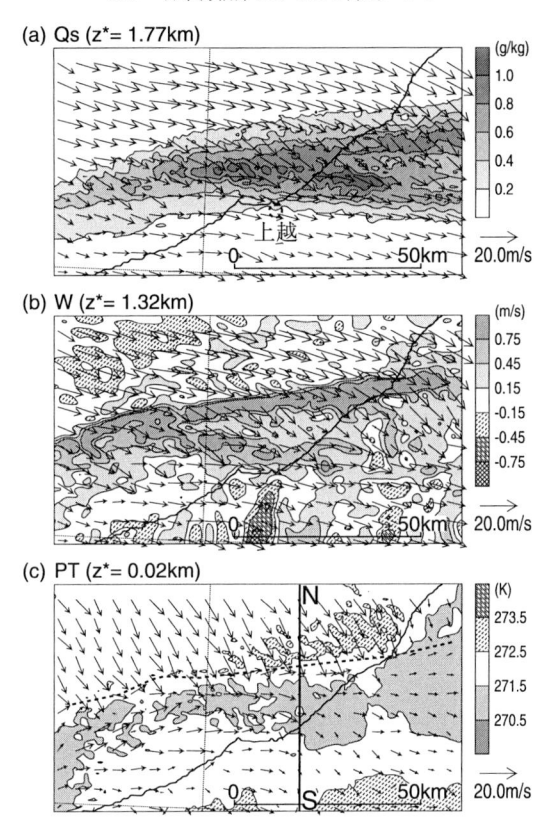

図 10.9 1 km-NHM で計算された各物理量の 13 時 30 分（3.5 時間予報値）から 14 時 30 分（4.5 時間予報値）の 1 時間平均値の水平分布．(a) 高度約 1.8 km における雪の混合比，(b) 高度約 1.3 km における鉛直風速，(c) 地表付近の温位．破線で水平風収束線を示す．各図のベクトルは各高度における水平風を示す (Eito et al., 2005)．

ドの北側には気団変質を受けた高 θ_e の空気塊が下層に流入している．

　雪の昇華蒸発過程を除いた感度実験では，冷気層は形成されず，下層の水平風収束が弱まり，降雪バンドは急速に内陸に押し込まれて弱まった．このことから，陸風が弱まった場での降雪バンドの維持メカニズムは以下のようにまとめられる．まず，雪の昇華蒸発による冷却で，冷気層が降雪バンド下層につくられる．つぎに，気団変質を受けた高 θ_e の空気塊が，その冷気層前面に形成された下層風収束域で上空に持ち上げられる．そうして，積乱雲が繰り返し発生・発達することで

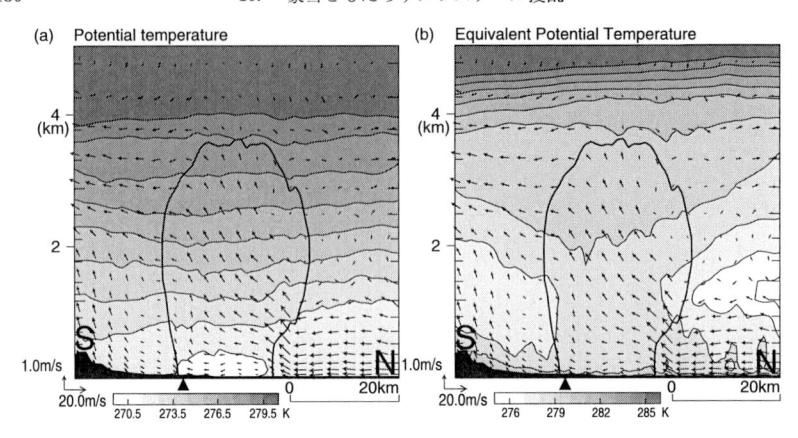

図 10.10 図 10.9c の線分 NS に沿った水平–高度断面図．(a) 温位，(b) 相当温位．図中の矢印は断面内の風を表す．図中の太い実線は雪の混合比の $0.2\,\mathrm{g\,kg^{-1}}$ の等値線，▲は海岸線を示す (Eito et al., 2005)．

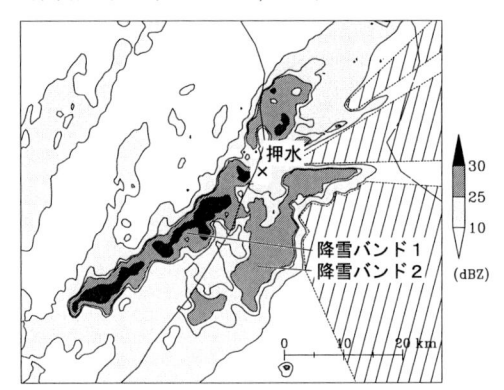

図 10.11 気象レーダーで観測された 2001 年 1 月 15 日 18 時 8 分における高度 0.75 km の反射強度分布．山岳の影で観測できない領域を斜線部で示す (Ohigashi and Tsuboki, 2005)．

降雪バンドが維持できたと考えられる．

　2001 年 1 月 15 日には，降雪バンドがほぼ石川県の沿岸部に発生・停滞した（図 1.2a）．その降雪バンドをとらえたレーダー反射強度分布を図 10.11 に示す．南西から北東方向に伸びる幅約 25 km のレーダー反射強度域（> 10 dBZ）の中に，2 つの帯状の強反射強度域（> 25 dBZ）がみられる．ここで，帯状の強反射強度域の海側と内陸側のものをそれぞれ，降雪バンド 1, 2 と名づける．

　2 本の降雪バンドは，1 月 15 日 7 時 30 分頃から 16 日 4 時頃までほぼ同じ場所に停滞していた．海側の降雪バンド 1 は，内陸側の降雪バンド 2 よりも強い反射

強度を示し，高い高度まで発達していた．また，押水上空 1 km 付近での水平風をみると，北西季節風が卓越していた．一方，地上付近では，15 日 7 時 30 分頃から東よりの陸風がみられた．この陸風の層は徐々に厚くなり，15 日 16 時 30 分頃には高さ約 400 m に達して，その状態が翌朝まで維持していた．このとき，北陸沖の海面水温が約 15℃であったのに対して，陸上では雪に覆われていたので地上温度が 0℃以下になっていた．この海陸の温度差によって陸風が形成されたと考えられる．降雪バンド 1 は，この陸風と北西季節風との収束域で形成・維持されていた．

二重偏波ドップラーレーダーのデータから，あられ，雪結晶（snow crystal），雪片（snow aggregate）の分布を知ることができる．この情報を使って，上で述べた降雪バンドの構造と維持過程を模式的にまとめたものが図 10.12 である．海側の降雪バンド 1 は，陸風と北西季節風との収束によって発生した上昇流によって形成され，陸風の持続によって維持された．内陸側の降雪バンド 2 は，地形に

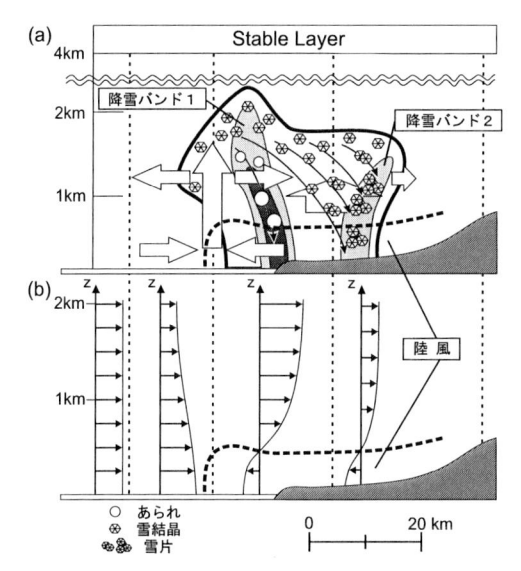

図 10.12 沿岸部に停滞した降雪バンド 1, 2 の構造と維持過程の模式図．降雪バンドに直交する鉛直断面であり，破線は陸風前線を示す．(a) 強いレーダー反射強度域（陰影），降雪域（太実線），環境場の風に相対的な風（太矢印），降雪粒子の軌跡（細矢印），降水粒子のタイプ（あられ，雪結晶，雪片）とその分布．(b) 断面内における水平風の鉛直分布（Ohigashi and Tsuboki, 2005）．

よる強制上昇などが原因と考えられる比較的弱い上昇流域に形成された．降雪バンド2は，降雪バンド1から雪結晶の供給を受け，それが弱い上昇流のもとで昇華凝結過程や衝突併合過程により雪片を形成して維持されたと考えられる．

これらの事例解析から，沿岸部での降雪バンドは，強い寒気流入時での比較的弱い季節風が吹いているという環境場で発生し，その維持・停滞には陸風や降雪バンド自身がつくる降水粒子の効果など，さまざまな要因が寄与していることがわかる．停滞性の降雪バンド以外にも，海上で形成された移動性の降雪バンドが，海岸付近で急速に発達する事例が報告されている（Yoshihara $et\ al.$, 2004）．この事例でも，陸風や地形の効果により海岸付近に形成された収束線によって，降雪バンドが強化されたことが示されている．このように，沿岸部における豪雪の特性を把握するためには，陸風の変動などさまざまな要因について議論する必要がある．

11 数値モデルによる豪雨・豪雪の再現に必要なもの

本書で述べてきたように，豪雨・豪雪をもたらす大量の降水は繰り返し発生する積乱雲によりつくり出されるので，豪雨・豪雪のメカニズムを理解するためには積乱雲を中心に議論する必要がある．その議論のためには，積乱雲およびその周辺場を詳細に解析できる多様な観測データの存在が望まれるところである．しかし，そのようなデータを十分にそろえることはできない．そこで，第7, 8, 10章に示したように，非静力学雲解像モデル（NHM）は豪雨・豪雪のメカニズムを理解するための有用なツール（道具）になっている．

一般に，対象となる大気現象に対して，数値モデルに必要な水平分解能が決まる．ここでは，まず豪雨・豪雪を再現するために必要な NHM の水平分解能について説明する．また，水平分解能によって再現結果に生じる違いについてみてみる．本書では，豪雨・豪雪を再現できたケースについて紹介してきたが，NHM を用いても豪雨・豪雪を予想できない場合がある．本章ではその理由を説明し，豪雨・豪雪の予報精度向上のために取り組むべき課題についても触れる．

11.1 豪雨・豪雪の再現に必要な数値モデルの水平分解能

豪雨・豪雪をもたらす積乱雲，メソ対流系および線状降水帯の模式図を図11.1に示す．5.1節でも述べたように，積乱雲の水平スケールと鉛直スケールはほぼ同じで，そのスケールは 5～10 km 程度である．圏界面高度が高い暖候期（梅雨期～夏期）にはそのスケールは大きくなり，冬季には小さくなる．メソ対流系は複数の積乱雲が組織化したもので，その水平スケールは 15～100 km 程度になる．さらに，線状降水帯は複数のメソ対流系により構成されたもので，その水平スケー

11. 数値モデルによる豪雨・豪雪の再現に必要なもの

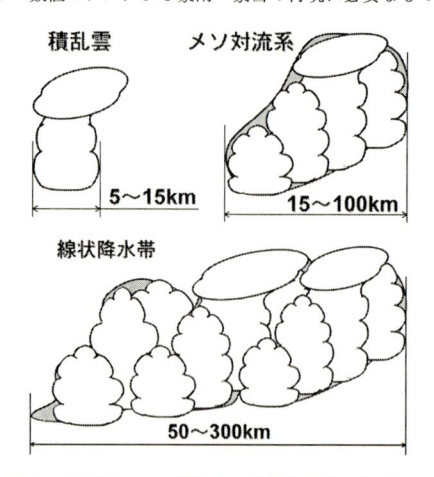

図 11.1 積乱雲，メソ対流系，線状降水帯の模式図．

ルは 50〜300 km 程度になる．

　まず，数値モデルが予想できる気象擾乱を考えてみる．数値モデルで表現できる気象擾乱の最小の水平スケールは，モデルの水平分解能の 4〜6 倍以上といわれている（増田，1981 を参照）．このことから，水平分解能数十 km の数値モデルは，メソ α スケール以上の気象擾乱を対象とするもので，豪雨・豪雪をもたらす水平スケール数十 km 以下のメソ対流系を表現できない．また，そのようなモデルでは，線状降水帯も表現できない．なぜなら，線状降水帯の長さは数百 km になることがあるが，その幅は数十 km しかないためである．

　ここで，メソ対流系や積乱雲を再現するために必要な数値モデルの水平分解能について述べる．水平スケール 10 km 程度の積乱雲を表現するためには，およそ 2 km 以下の水平分解能が必要となる．なお，豪雪をもたらす冬季の積乱雲の水平スケールは 5 km 程度なので，冬季での積乱雲を表現するためにはおよそ 1 km 以下の水平分解能が必要である．また，メソ対流系や線状降水帯を再現するためには，5 km 程度の水平分解能が必要ということになる．

　つぎに，水平分解能による降水分布予想の違いをみてみる．2004 年新潟・福島豪雨時の気象レーダーから見積もられた降水強度分布と，水平分解能 5 km と 1.5 km の NHM（5 km-NHM と 1.5 km-NHM）で予想された結果を図 11.2 に示す．気象レーダーでの分布（図 11.2a）では，線状降水帯の中に水平スケール 50 km 程度のメソ対流系が東南東進し，その西側で積乱雲が発生している様子がわかる．5 km-NHM の結果（図 11.2b）では，線状降水帯とその中を東南東進しているメソ

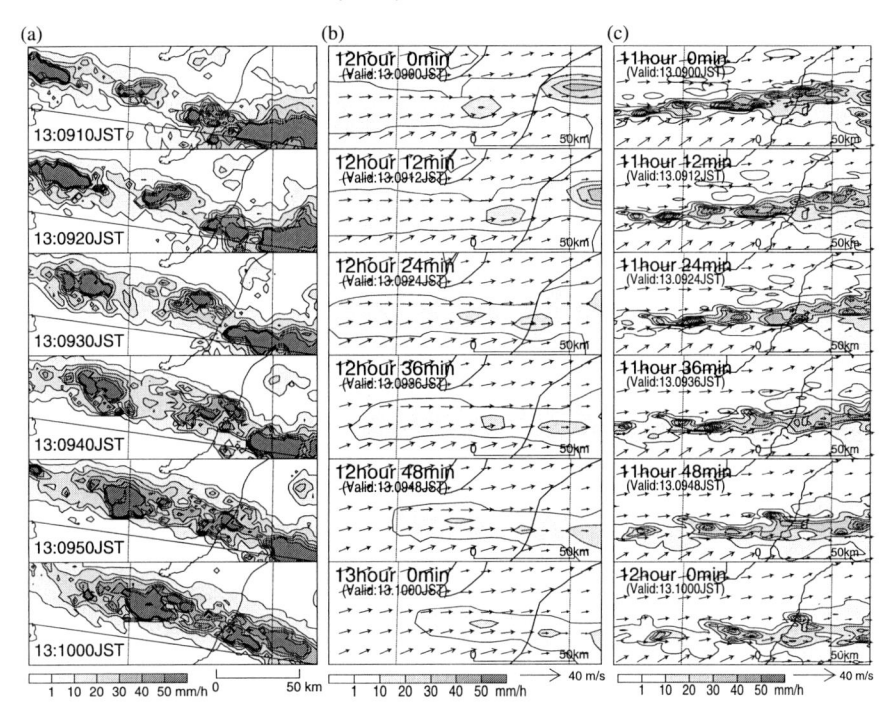

図 11.2 (a) 2004 年新潟・福島豪雨時の気象レーダーから見積もられた降水強度分布の時系列．水平分解能 (b) 5 km と (c) 1.5 km の非静力学雲解像モデルでの予想結果．

対流系らしきものは予想されているが，個々の積乱雲は表現されていない．また，降水については量的に精度よく予想できていない．その一方，1.5 km-NHM の予想結果（図 11.2c）をみると，気象レーダーの観測（図 11.2a）に比べて線状降水帯の幅はかなり狭いものの，積乱雲とメソ対流系が観測されたものと同様に東南東進している様子がわかる．さらに，量的にも観測に近い降水強度を予想している．このように，数値モデルの水平分解能によって再現可能な現象は異なる．以上から，豪雨・豪雪を量的・面的に予想し，そのメカニズムを理解するためには，積乱雲を表現するのに十分な水平分解能の *NHM* が必要であることがわかる．

11.2　豪雨・豪雪の再現に必要なデータ

数値モデルでは，ある客観解析データを初期値として，たとえば付録 A-4.2 節に記述した方程式系を時間方向に積分して将来の値を予想する．客観解析データとは，多様な観測データによって作成される情報であり，少なくとも気圧，風，温

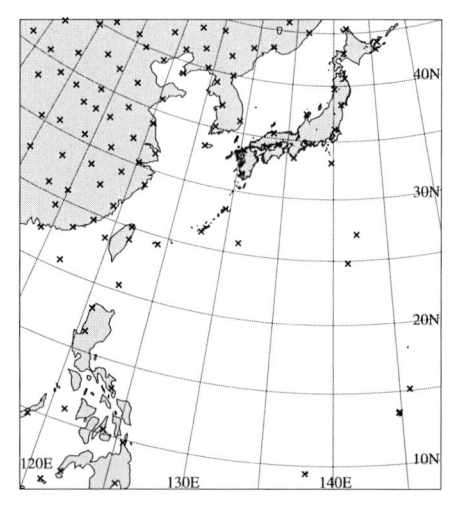

図 11.3 日本周辺でのラジオゾンデによる高層観測点（×）.

度，水蒸気の3次元分布からなる．観測データには，地上観測データ，ラジオゾンデによる高層観測データ（日本周辺での観測点を図11.3に×で示す）や，地上や衛星からのリモートセンシング（遠隔観測）データなどがあり，衛星からのリモートセンシングデータを除くと，陸やその周辺のみで観測されている．

前節に示したように，積乱雲を表現できる水平分解能のNHMを用いれば，豪雨・豪雪を再現できる可能性がある．ここで，可能性があると表現したのは，必ず再現できるとは限らないからである．他の数値予報モデル同様，NHMもある客観解析データを初期値として将来の値を予想する．したがって，1～2日以内の予想[*]でNHMが完璧なものならば，豪雨・豪雪の再現の可否は初期値である解析データの精度によって決まる．

[*] 予想時間が図5.1に示した気象擾乱における空間スケールに対する時間スケールを大いに超える場合，予想される結果は1つになるとは限らない．この予想の不確定性は，カオス（chaos）と呼ばれる．詳しくは余田ほか（1992）を参照．

豪雨の再現における解析データの精度について，1999年福岡・広島豪雨を例としてみてみる．このケースでは，広島県の西部で集中豪雨となった（図11.4a）．そのとき，図11.3に示した高層観測地点に加えて，3隻の気象庁の観測船（図11.4aに×で表示してある位置）からラジオゾンデによる高層観測が特別に実施された．その特別観測のデータも利用して作成した客観解析データを用いた場合（図11.4b）では，広島県付近の豪雨はよく再現された．しかし，そのデータを利

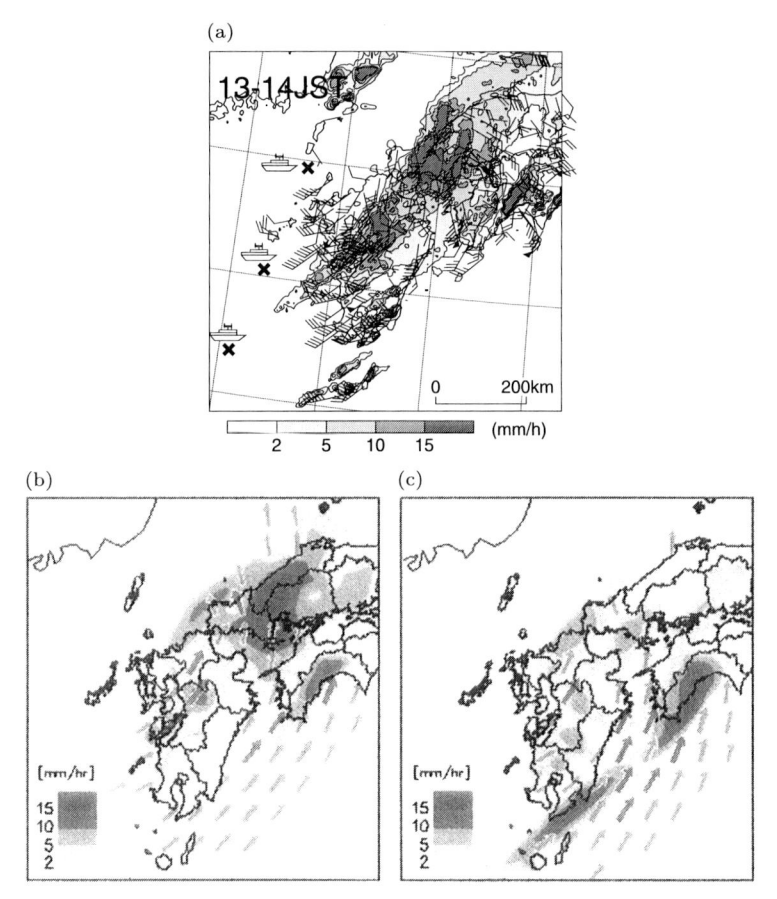

図 11.4 1999 年 6 月 29 日 14 時の前 1 時間降水量. (a) レーダー・アメダス解析雨量, (b) 特別観測のデータを使った, (c) 特別観測のデータを使わなかった気象庁メソモデル（水平分解能 10 km）の予報結果. (a) の✕は特別観測を行った気象観測船が存在していた位置. ペナント, 全矢羽, 半矢羽はそれぞれ, $10\,\mathrm{m\,s^{-1}}$, $2\,\mathrm{m\,s^{-1}}$, $1\,\mathrm{m\,s^{-1}}$ の水平風速, (b), (c) の薄色と濃色のベクトルはそれぞれ 925 hPa での $20 \sim 25\,\mathrm{m\,s^{-1}}$ と $25\,\mathrm{m\,s^{-1}}$ 以上の水平風を示す（郷田ほか, 1999 に追加）.

用しなかった場合（図 11.4c）では，広島県付近の豪雨は全く予測できなかった．このことから，豪雨が発生した風上側での高層観測データを利用することにより，豪雨が再現できたことがわかる．すなわち，数値モデルの初期値に，線状降水帯を発生させた環境場が精度よく表現されたために，豪雨が再現できたのである．このように，観測データが密に得られれば，解析データの精度を向上させることで豪雨を数値モデルで再現できるようになる．

本書で述べてきたように，豪雨発生に特に重要な情報としては，下層大気の水蒸気量，下層風収束場と大気中層の相当温位場（θ_e場）がある．その中で，下層風収束場と中層のθ_e場が重要となる日本列島周辺やその風上側にある大陸上では，ラジオゾンデによる高層観測点（図 11.3）が比較的に多い．その一方，大量の水蒸気を含む下層の高θ_eの空気塊は，高層観測点が非常に少ない太平洋や東シナ海領域から日本列島付近に流入する（図 6.2 参照）．したがって，豪雨再現の可能性を高めるためには，この領域における大気下層での風と水蒸気のデータを密に取得する必要がある．しかし，太平洋や東シナ海領域の情報は重要にもかかわらず，広大な高層観測の空白域になっていることが図 11.3 からわかる．

ここで，今後考えられている高層観測の空白域でのデータの取得方法について簡単に述べる．1つは，衛星からのリモートセンシングである．たとえば，気象レーダーやマイクロ波放射計を搭載した複数の極軌道衛星で，地球規模での降水を数時間ごとに観測しようとする全球降水観測計画（GPM 計画）がある．もう1つは，必要なデータの空白域で直接観測を行うことである．現在 THORPEX 計画（観測システム研究・予測可能性実験計画；中澤, 2005）と呼ばれる国際共同研究計画が世界気象機関（WMO）のもとで進められている．その中では，気球を成層圏に飛ばして定期的にドロップゾンデを落とすドリフトゾンデ，海上ブイに多数のドロップゾンデを積み込んで観測するロケットゾンデ，気象観測装置を積んだ無人小型飛行機などの新しい観測が計画されている．

本章のはじめで述べたように，NHMは豪雨・豪雪のメカニズムを理解するための有用なツールになっている．また，豪雨・豪雪の予測にもNHMを用いることができる．そのためには，豪雨・豪雪が発生する風上側の，特に下層の水蒸気と風の場の情報が重要である．しかし，NHMの初期値となる客観解析データをみると，豪雨の発生に重要な水蒸気を大気下層に供給する太平洋や東シナ海域では，それらの精度は高くない．このことから，現状では豪雨を必ずしも予測できていない．そこで，上に示したような新たなデータを取得する手法の開発などが望まれている．それによって，解析データの精度向上が図られ，半日〜1日前から豪雨の発生を予測できる可能性が高められ，さらなる豪雨のメカニズムの解明にもつながると期待される．

A-1
本書で用いた記号の意味・単位，定数と略語

表 A-1.1 変数と単位

α	流体の体膨張率 [K^{-1}]	r	比湿 [kg kg^{-1}, g kg^{-1**})]
e	水蒸気圧 [hPa]*)	s	乾燥静的エネルギー [J]
e_s	水の飽和水蒸気圧 [hPa]*)	t	時間 [s]
e_i	氷の飽和水蒸気圧 [hPa]*)	u	x 方向または東向きの風速 [m s^{-1}]
f	コリオリパラメータ [s^{-1}]	v	y 方向または北向きの風速 [m s^{-1}]
h_s	飽和湿潤静的エネルギー [J]	w	鉛直風速 [m s^{-1}]
l	凝結した水の混合比 [kg kg^{-1}, g kg^{-1**})]	z	高度 [m]
m	質量 [kg]	C_q	水蒸気のバルク係数
m_d	乾燥大気の質量 [kg]	C_T	温度のバルク係数
m_v	水蒸気の質量 [kg]	F_r	フルード (Froude) 数
p	圧力 [hPa*)]	M	分子量または湿潤大気の平均分子量 ***)[kg kmol^{-1}]
q_c	雲水の混合比 [kg kg^{-1}, g kg^{-1**})]	N	ブラント–バイサラ (Brunt–Väisälä) 振動数 [s^{-1}]
q_{ci}	雲氷の混合比 [kg kg^{-1}, g kg^{-1**})]	P_θ	等温位面渦位 [PVU = 10^{-6} m^2 s^{-1} K kg^{-1}]
q_g	あられの混合比 [kg kg^{-1}, g kg^{-1**})]	Q	熱量 [J]
q_r	雨水の混合比 [kg kg^{-1}, g kg^{-1**})]	R	気体定数または湿潤大気の気体定数 ***)[J K^{-1} kg^{-1}]
q_s	雪の混合比 [kg kg^{-1}, g kg^{-1**})]	Ra	レーリー (Rayleigh) 数
q_v	水蒸気の混合比 [kg kg^{-1}, g kg^{-1**})]	T	温度 [K]
q_{vs}	水蒸気の飽和混合比 [kg kg^{-1}, g kg^{-1**})]	T_v	仮温度 [K]

A-1. 本書で用いた記号の意味・単位，定数と略語

U	内部エネルギー [J]		ρ_w	水の密度 [kg m^{-3}]
V	体積 [m^3]		θ	温位 [K]
V_T	終端落下速度 [m s^{-1}]		θ_d	乾燥温位 [K]
V_{T_g}	あられの終端落下速度 [m s^{-1}]		θ_e	相当温位 [K]
V_{T_r}	雨の終端落下速度 [m s^{-1}]		θ_e^*	飽和相当温位 [K]
V_{T_s}	雪の終端落下速度 [m s^{-1}]		θ_v	仮温位 [K]
W	仕事量 [J s^{-1}]		ν	流体の動粘性係数 [N m s^{-2}]
κ	流体の熱伝導率 [N m s^{-2}]		ζ_θ	等温位面上の絶対渦度 [s^{-1}]
η	空気の動粘性係数 [N m s^{-2}]		Γ	気温減率 [K m^{-1}]
ρ	密度または湿潤大気の密度 ***) [kg m^{-3}]		Γ_m	湿潤断熱減率 [K m^{-1}]
ρ_d	乾燥大気の密度 [kg m^{-3}]		Π	エクスナー（Exner）関数 $(= (p/p_0)^{R_d/C_{pd}})$
ρ_m	湿潤大気の密度 [kg m^{-3}]		Π_d	乾燥大気に対するエクスナー (Exner)関数 $(= ((p-e)/p_0)^{R_d/C_{pd}})$

*) 通常，Pa が単位であるが，気象学では慣例として hPa を利用する．h (= hecto) は 100 倍を意味する．

**) kg kg^{-1} では値が小さくなるので，g kg^{-1} が気象学ではよく用いられる．本書でもこの単位を用いて記述している．

***) 第 3 章では添え字をもたない分子量，気体定数および密度は湿潤大気のものとして取り扱っている．

表 A-1.2 定　数

N_a	アボガドロ（Avogadro）数	6.022×10^{26} kmol^{-1}
g	重力加速度	9.8 m s^{-2}
R^*	一般気体定数	8314.3 J K^{-1} kmol^{-1}
M_d	乾燥大気の平均分子量	28.96 kg kmol^{-1}
M_v	水の分子量	18.02 kg kmol^{-1}
R_d	乾燥大気の気体定数	287 J K^{-1} kg^{-1}
R_v	水蒸気の気体定数	461 J K^{-1} kg^{-1}
ε	水蒸気と乾燥空気の気体定数の比 $(= R_d / R_v)$	0.622
C_{pd}	乾燥大気における定圧比熱	1004 J K^{-1} kg^{-1}
C_{vd}	乾燥大気における定積比熱	717 J K^{-1} kg^{-1}
C_{pv}	水蒸気の定圧比熱	1850 J kg^{-1} K^{-1}
C_w	水の定圧比熱（温度 0℃）	4218 J kg^{-1} K^{-1}
L_v	水から水蒸気への蒸発熱（温度 0℃）	2.50×10^6 J kg^{-1}
p_0	基準気圧	1000 hPa
Γ_d	乾燥断熱減率 $(= g / C_{pd})$	9.8×10^{-3} K m^{-1}

A-1. 本書で用いた記号の意味・単位, 定数と略語

表 A-1.3 略　語

$CAPE$	対流有効位置エネルギー	(convective available potential energy)
CIN	対流抑制	(convective inhibition)
$JPCZ$	日本海寒帯気団収束帯	(Japan Sea Polar air-mass Convergence Zone)
LCL	持ち上げ凝結高度	(lifting condensation level)
LFC	自由対流高度	(level of free convection)
LH	潜熱	(latent heat)
LNB	浮力がなくなる高度	(level of neutral buoyancy)
MCS	メソ対流系	(mesoscale convective system)
NHM	非静力学モデル	(nonhydrostatic model)[*]
RH	相対湿度	(relative humidity)
SH	顕熱	(sensible heat)
SST	海面温度	(sea surface temperature)

[*] 本書では非静力学雲解像モデル (nonhydrostatic cloud resolving model) の略語としても NHM を用いている.

A-2
流体中での対流の発生

 2.5 節で，乾燥大気では絶対不安定な状態のときに，対流が発生することを述べた．ここでは，流体（液体）中での対流の発生からそのことを考察してみる．流体の密度 ρ の変化は，温度 T の変化に単に逆比例すると考えられる．なぜなら，状態方程式 (2.7) は液体にもあてはまり，液層の厚み（圧力）がほとんど変化しないためである．したがって，流体での成層状態については上下の温度差 ΔT だけで判断できる．つまり，高さ z から $z+\Delta z$ の間で T から $T+\Delta T$ に状態が変化すると，$\Delta T/\Delta z > 0$ では絶対安定な成層，$\Delta T/\Delta z < 0$ では絶対不安定な成層となる．

 絶対不安定な成層中での対流の発生を，流体を用いた室内実験の結果からみてみる．図 A-2.1 のように，水平方向に広がる上下の境界面の間に，物質定数（流体の体膨張率 α，流体の熱伝導率 κ，流体の動粘性係数 ν）が一定で相変化しない流体を満たし，上からは一様に冷却，下からは一様に加熱して温度差 ΔT を時間的に一定に保つ実験装置を用いる．この条件では，対流の発生の指標として，理論的に導き出された無次元数であるレーリー数（Rayleigh number）

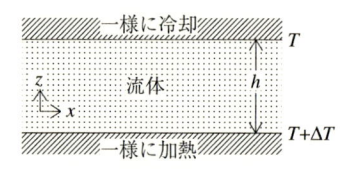

図 A-2.1 絶対不安定成層における室内実験の設定．流体層を横から眺めた図．

A-2. 流体中での対流の発生

$$R_a = \frac{g\alpha h^3 \Delta T}{\kappa \nu} \tag{A-2.1}$$

は ΔT だけの関数となる．ここで，g は重力加速度，h は流体層の厚さである．実験結果からわかった流体の運動パターンの Ra 依存性を図 A-2.2 に示す．ΔT が小さい（Ra が小さい）場合には，運動のない状態（熱伝導状態）が実現する．ある閾値（$Rac \sim 1000$）以上になると水平スケールと鉛直スケールが等しい定常的なロール対流（上部に境界がない場合は，多角形の細胞状の対流）が発生する．また，Ra がさらに大きくなると，発生する対流は時間変動し，乱流へと変わる．

この実験結果から，式 (A-2.1) の物理的意味をまとめてみる．ΔT が大きくなると対流を引き起こしやすくなることから，Ra の値が大きいほど対流は発生しやすい．逆に，ΔT が小さくても，κ や ν が小さくなると対流が発生することになる．

大気の場合でも，凝結しなければ T を θ に置き換えるだけで流体の場合と同じ議論ができる．ここで，1 つの目安として，大気における対流発生の温位差 $\Delta\theta$ の臨界値を流体での Rac（~ 1000）から評価してみる．大気の拡散係数や粘性係数を $100\,\mathrm{m^2\,s^{-1}}$，大気の不安定層の厚さを $h \sim 1\,\mathrm{km}$ とすると，$\Delta\theta \sim 0.3\,\mathrm{K}$ となる．h が厚くなると，Ra は h の 3 乗の関数なので，$\Delta\theta$ は極端に小さくなる．このように $\Delta\theta$ の臨界値は，現実大気の $d\theta/dz$（たとえば，図 2.5）に比べて非常に小さい値となる．したがって，大気の場合には熱伝導状態はほとんど起こらず，絶対不安定な場合は対流のみと考えてよい．つまり，通常，乾燥大気の安定性（対流が発生の可否）は $\Delta\theta$ の正負で判断しても問題はないことになる．

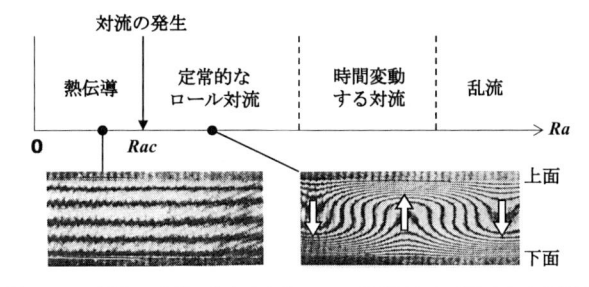

図 A-2.2 対流の形態の移り変わりの Ra 依存性および横からみた温度分布．光干渉法で温度分布を縞模様として可視化した．等温度線は，熱伝導状態では水平であるのに対して，対流が起こると鉛直流によって波打つようになる．矢印で最大の上昇流・下降流を示す（Farhadieh and Tankin, 1974）．

A-3
温位および相当温位の保存性を用いた効率的な凝結高度，湿潤断熱線上の温位の算出方法

　持ち上げ凝結高度の具体的な算出方法としては，凝結高度までは乾燥大気で扱うことができるので，乾燥断熱減率 $\Gamma_d = g/C_{pd}$ を用いて，空気塊を持ち上げて凝結高度を見出す方法が一般的である．ここでは，より精度が高く，計算量の少ない手法として，乾燥大気で温位が保存することを利用した凝結高度の解析的算出方法を紹介する．

　温位の定義 (2.18) から，その微分量を計算すると，

$$0 = \frac{dT}{T} - \frac{R_d}{C_{pd}}\frac{dp}{p} \implies dp = \frac{C_{pd}\,p}{R_d T}dT \tag{A-3.1}$$

となる．水蒸気の混合比の微分量を計算した式 (3.11) を，式 (3.10), (A-3.1) を用いて差分で表記すると，

$$\frac{\Delta q_{vs}}{\overline{q}_{vs}} = \frac{L_v(\varepsilon+\overline{q}_{vs})}{R_d\overline{T}^2}\Delta T - \frac{p}{p-e_s}\frac{C_{pd}}{R_d}\frac{\Delta T}{\overline{T}} = \frac{L_v(\varepsilon+\overline{q}_{vs})}{R_d\overline{T}^2}\Delta T - \frac{C_{pd}(\varepsilon+\overline{q}_{vs})}{\varepsilon R_d\overline{T}}\Delta T \tag{A-3.2}$$

となる．ここで，差分量（Δ がついた変数）と平均量（ ¯ がついた変数）を持ち上げ始めた高度と凝結高度での値で計算すると，それぞれ $\Delta T = T - T_0$, $\Delta q_{vs} = q_v - q_{vso}$, $2\overline{T}_0 = T + T_0$, $2\overline{q}_{vs} = q_v + q_{vso}$ （T_0 と T は持ち上げ始めた高度と凝結高度での温度，q_v と q_{vso} は持ち上げ始めた高度の水蒸気の混合比と飽和混合比）で表すことができる．

　式 (A-3.2) は T についての二次方程式となり，T は以下のように求まる．

$$T = 2\frac{BT_0 + C - \sqrt{(BT_0-C)^2 + 2ACT_0}}{2B-A} - T_0 \tag{A-3.3}$$

ここで,

$$A = \frac{\Delta q_{vs}}{\overline{q}_{vs}} = 2\frac{q_{vso} - q_v}{q_{vso} + q_v}, \quad B = \frac{C_{pd}(\varepsilon + \overline{q}_{vs})}{\varepsilon R_d} = \frac{C_{pd}\left(\varepsilon + (q_{vso} + q_v)/2\right)}{\varepsilon R_d},$$

$$C = \frac{L_v(\varepsilon + \overline{q}_{vs})}{R_d} = \frac{L_v\left(\varepsilon + (q_{vso} + q_v)/2\right)}{R_d}$$

である.そして,求まった T から持ち上げ凝結高度を求めることができる.ただし,Δq_{vs} が大きいと式 (A-3.3) から求まる値の誤差が大きくなるので,T を T_0 とし,その T_0 から求まる飽和混合比を q_{vso} として,再度,式 (A-3.3) に代入して T を求め直すことで誤差を非常に小さくすることができる.

また,湿潤断熱線上の温位についても,一般的には図 3.3 のように式 (3.17), (3.18) といった湿潤断熱減率を用いて空気塊を持ち上げることで気温を求めて,式 (2.18) から計算する.しかし,この方法では,空気塊をある高さ Δz ずつ持ち上げるので少なからず誤差が生じる.その誤差を小さくするためには Δz を小さくしなければならず,計算量が膨大となる.ここでは,相当温位が保存することを利用し,効率よく解析的に求める方法を紹介する.

式 (3.22) から飽和相当温位は近似的に

$$\theta_e^* \approx \theta_d \left(1 + \frac{L_v q_{vs}}{C_{pd} T}\right) = \theta_d + \frac{L_v q_{vs}}{C_{pd} \Pi_d} \tag{A-3.4}$$

と記述することができる.ここで,$\Pi_d = ((p-e)/p_0)^{R_d/C_{pd}}$ は乾燥大気に対するエクスナー関数である.式 (A-3.4) を等圧のもとで微分し,式 (3.11) を代入すると,

$$\begin{aligned}
d\theta_e^* \approx d\theta_d + \frac{L_v dq_{vs}}{C_{pd}\Pi_d} &= d\theta_d + \frac{L_v^2(\varepsilon + q_{vs})q_{vs}}{C_{pd}R_d T^2 \Pi_d}dT \\
&= \left(1 + \frac{L_v^2(\varepsilon + q_{vs})q_{vs}}{C_{pd}R_d T^2}\right)d\theta_d
\end{aligned} \tag{A-3.5}$$

という関係式が得られる.この式を差分で表記すると,

$$\Delta \theta_e^* \approx \left(1 + \frac{L_v^2(\varepsilon + q_{vs})q_{vs}}{C_{pd}R_d T^2}\right)\Delta \theta_d \tag{A-3.6}$$

となる.ここで,持ち上げた空気塊の相当温位および乾燥温位を θ_{eo}, θ_{do},求めたい高度における周囲の気温 T から求めた飽和相当温位,乾燥温位(式 (3.22) を参照)および飽和混合比を θ_e^*, θ_d, q_{vs} とすると,

$$\theta_{do} = \theta_d + \frac{\theta_{eo}-\theta_e^*}{1+(L_v^2(\varepsilon+q_{vs})q_{vs})/C_{pd}R_dT^2} \qquad \text{(A-3.7)}$$

のように，θ_{do} が求まる．ただし，$\Delta\theta_e^*(=\theta_{eo}-\theta_e^*)$ が大きいと誤差が大きくなるので，θ_{do} を θ_d として，T, θ_e^*, q_{vs} を求めて式 (A-3.7) に再度代入し，θ_{do} を求めることで誤差を非常に小さくすることができる．また，CIN や $CAPE$ の算出においても式 (A-3.7) を用いれば，精度よく求められ，計算量も少なくてすむ．

A-4
非静力学雲解像モデル

　大気現象の解析は，観測データをみることから始まった．その中で，大気の成層や風の状態といった大気現象における環境場をみることができる代表的なものは，ラジオゾンデによる高層観測データである．しかし，ラジオゾンデによる観測のほとんどは12時間ごとに陸上で行われていて，観測地点の空間間隔（図11.3参照）はおよそ200～300 kmである．このため，その観測データだけでは，豪雨・豪雪をもたらす積乱雲を発生させる環境場は十分に解析できない．そこで，そのデータを空間的・時間的に密に得ることを目的に，観測船による観測や特別野外観測などが行われてきた．また近年，地上や衛星からのリモートセンシング技術の進歩により，観測データ量は飛躍的に多くなっている．しかしながら，豪雨・豪雪をもたらす現象を解析するために必要十分な3次元の情報が得られていない．そのため，大気現象を解明するうえで，数値モデルは観測データを補完することができる有用なツールとなっている．

　従来利用されてきた数値モデルは，静水圧平衡（2.3節参照）を仮定した方程式系を用いた静力学モデルである．降水現象に対し静力学モデルを用いることができるのは水平分解能10～20 km程度までである（加藤，1999）．また，水平分解能が10 kmより粗い従来の数値モデルでは積乱雲を直接表現できない（11.1節参照）ので，積乱雲の効果をなんらかの形で数値モデルの中に取り込む必要がある．その手法が積雲対流のパラメタリゼーションである．積雲対流のパラメタリゼーションでは，成層状態が不安定になったときに温度場と水蒸気場の再配置を行って安定化させ，水蒸気の一部を降水に変える．しかし，積雲対流のパラメタリゼーションは代表的な積乱雲群を対象につくられたものなので，すべての対流

活動を適切に表現することはできない.

上で述べた問題を解決するためには,静水圧平衡を仮定しない方程式系を用いた非静力学モデルが必要となる.非静力学モデルでは,水平分解能に限界がなく,水平分解能をおよそ2km以下にすると積雲対流のパラメタリゼーションを利用する必要はなくなり,対流活動を操る積乱雲を直接表現することができる.このことが,非静力学モデルを雲解像モデルとも呼ぶ所以である.このように,非静力学雲解像モデルは積乱雲そのものを表現できるので,そのモデルを用いることで対流活動にともなう諸過程を直接解析できる.さらに,その諸過程の解明だけでなく,大規模場との相互作用(第5章参照)も解析することができるので,メソ対流系の構造と発生・発達のメカニズム解明には必要不可欠なものとなっている.

代表的な非静力学雲解像モデルとして,気象庁気象研究所で開発されたMRI-NHM (Ikawa and Saito, 1991; 斉藤・加藤, 1996)をベースに,最適化・改良を行った気象庁非静力学モデル(JMANHM;気象庁予報部, 2003)がある.このJMANHMは,気象庁で日々の天気予報に利用されている(2006年3月現在,水平分解能5kmで1日8回,日本域を対象に15時間予報が行われている).その他にはCReSS(坪木・榊原, 2001)やNICAM (Tomita et al., 2004)などが開発されている.国外では,アメリカ・ペンシルベニア大学と米国大気研究センターのMM5 (Dudhia, 1993),アメリカの諸機関が共同開発しているWRF (Skamarock et al., 2005)などがある(他のモデルなどについては斉藤, 1999や加藤ほか, 2004を参照).

ここでは,本書の事例解析で多数用いられた気象庁非静力学モデル(MRI-NHMを含む)の支配方程式系と雲物理過程について簡単に紹介する.また,そのモデルの主な仕様を表A-4.1に載せた.

A-4.1　非静力学雲解像モデルの支配方程式系

気象庁非静力学モデルの支配方程式系は,風の3成分 (u, v, w) に対する運動方程式,状態方程式,連続の式,熱力学の式(以下に示す式(A-4.1)〜(A-4.6))の6つの基礎方程式から構成されている.

(1) 運動方程式
$$\frac{du}{dt} - fv + \frac{1}{\rho}\frac{\partial p}{\partial x} = dif.u \tag{A-4.1}$$

A-4.1 非静力学雲解像モデルの支配方程式系

表 A-4.1 本書で用いた気象庁非静力学モデルの仕様とオプション

分類	仕様	オプション
基礎方程式系	完全圧縮方程式系 連続の式に降水物質の落下を考慮	非弾性,準圧縮方程式系 静水圧近似
鉛直座標	地形に沿った座標系	
水平座標系	ポーラステレオ等角投影	ランベルト等角投影, 等経緯度座標系
格子構造	Lorenz, Arakawa C グリット	
積分スキーム (音波の扱い)	水平・鉛直ともインプリシット (HI-VI 法)	鉛直のみインプリシット (HE-VI 法)
移流項の計算	2 次のフラックス形式	水平 4 次,風上 3 次
移流項の補正	風上値による補正	
雨滴の落下	Box–Lagrangian 法	
乱流の扱い	レベル 2.5 の乱流クロージャーモデル	
地表面過程	Monin–Obukhov の相似則	
大気境界層	乱流クロージャーモデルで表現	ノンローカル境界層スキーム
大気放射	長波・短波放射を相対湿度から診断 した雲量で計算	雲量を雲水・雲氷で評価し,その 光学的厚みを利用
地面温度	地中 4 層モデル	
上部境界条件	摩擦のない固定壁にレーリー摩擦に よる吸収層を併用	
側面境界条件	1 ウェイ放射値ネスティング	レーリー摩擦による吸収層 開放境界条件,周期境界条件
計算拡散	4 次の線形拡散・非線形拡散	
雲物理過程	水蒸気・雲水・雲氷・雨・雪・あられ の混合比を予想するバルク法	雲氷・雪・あられの数密度を予想
積雲対流のパラメ タリゼーション		湿潤対流調節, Arakawa– Schubert, Kain–Fritsch

$$\frac{dv}{dt} + fu + \frac{1}{\rho}\frac{\partial p}{\partial y} = dif.v \tag{A-4.2}$$

$$\frac{dw}{dt} + \frac{1}{\rho}\frac{\partial p}{\partial z} + g = dif.w \tag{A-4.3}$$

ここで,f はコリオリパラメータ,p は気圧,g は重力加速度,ρ は大気の密度,dif がついた項は拡散項である.式 (A-4.3) において,静水圧平衡を仮定することによって,時間変化項と拡散項を無視した(左辺第 2,3 項のみの)式が静水圧平衡の式 (2.15) である.静力学モデルでは,式 (A-4.3) を式 (2.15) で置き換えた方程式系を用いている.

(2) 状態方程式

$$\rho_m = \frac{p_0}{R_d \theta_v}\left(\frac{p}{p_0}\right)^{C_{vd}/C_{pd}} \tag{A-4.4}$$

ここで，ρ_m は湿潤大気の密度であり，$\rho_m = \rho_d(1+0.61q_v)$（$\rho_d$ は乾燥大気の密度，q_v は水蒸気の混合比）で定義される．また，p_0 は温位 θ を計算する基準気圧（$= 1000$ hPa），R_d は乾燥空気に対する気体定数，C_{vd} と C_{pd} は乾燥空気の定積比熱と定圧比熱である．また，θ_v は仮温位で，$\theta_v = \theta(1+0.61q_v)$ で定義される．また，ρ は大気中に含まれる水物質（雲水，雨，雲氷，雪，あられ）の混合比（q_c, q_r, q_{ci}, q_s, q_g）を用いると

$$\rho = \rho_m(1+q_c+q_r+q_i+q_s+q_g)$$

となる．上式を式 (A-4.3) に代入すると

$$\rho_m \frac{dw}{dt} = -\frac{\partial p}{\partial z} - g\rho_m - g\rho_m(q_c+q_r+q_i+q_s+q_g) + \rho_m dif.w \quad \text{(A-4.3')}$$

が得られる．式 (A-4.3') の右辺第 3 項が水物質の荷重（water loading）であり，水物質の増大による積乱雲内での下降流の形成に重要な役割を果たしている（4.4 節参照）．この効果がないと積乱雲を過大に発達させる（加藤, 1999）．

(3) 連続（質量保存）の式

$$\frac{d\rho}{dt} = -\rho\left(\frac{\partial u}{\partial x} + \frac{\partial v}{\partial y} + \frac{\partial w}{\partial z}\right) + \frac{\partial}{\partial z}\rho_m(V_{T_r}q_r + V_{T_s}q_s + V_{T_g}q_g) \quad \text{(A-4.5)}$$

ここで，V_{T_r}, V_{T_s}, V_{T_g} は雨，雪，あられの終端落下速度である．式 (A-4.5) の右辺第 2 項は降水にともなう密度の時間変化を表す．

(4) 熱力学の式

$$\frac{d\theta}{dt} = \frac{Q}{C_{pd}}\left(\frac{p}{p_0}\right)^{-R_d/C_{pd}} + dif.\theta \quad \text{(A-4.6)}$$

ここで，Q は非断熱加熱または冷却量であり，大気放射過程や次節で説明する雲物理過程での水物質の相変化によって与えられる．

本書では，上で示した気象庁非静力学モデルにおける支配方程式系の紹介だけにとどめる．実際のモデルでは，地形に沿った座標系を導入し，地球の曲率を含む方程式系への変換などを行っている．それらについては斉藤・加藤 (1999), Saito et al. (2001) や気象庁予報部 (2003) を参照してほしい．

A-4.2　非静力学雲解像モデルで取り扱われる雲物理過程

　メソ対流系は豪雨や豪雪をもたらし，そのメソ対流系を構成しているのは積乱雲である．したがって，メソ対流系の構造や発生・発達のメカニズムを解明するためには，積乱雲を直接表現することができる雲物理過程を数値モデルで用いることが有効な手段となる．第4章に簡単な場合を述べたが，雲物理では大気中の雲を対象とし，水蒸気，雲水，雲氷，雨水，雪，あられ，雹で表現されている水物質の間の相変化，成長や水物質の落下（降水）などの関係を示すものである．雲水と雨水とは区別しているが，粒子のサイズで考えると実際は連続的に存在していて，大きなものを雨水，小さなものを雲水と呼んでいるにすぎない（その中間を霧水と呼ぶこともある）．同様のことが雲氷と雪，あられや雹との関係にもあてはまる．

　雲物理過程を数値モデルに導入するための方法としては，次の2つの方法がある．1つはビン（Bin）法と呼ばれ，水物質を水滴（雲水と雨水），雹，あられ，氷晶（雲氷，雪）に分け，それぞれを粒子のサイズで複数の領域（ビン）に区分し，それぞれについての混合比と数濃度を予想し，そのビン内とビン間で雲物理を計算する方法である（たとえば，Takahashi and Kawano, 1998）．氷晶についてはさまざまな形状があるために複数の厚みをもつ円盤型を，その他の水物質については球型を仮定する．この方法では，複数のビン（Takahashi and Kawano, 1998ではビンの総数は240）で水物質を予想する必要があり，ビン間の計算もビンの数の階乗で増える．したがって，計算機の進歩が著しい昨今でも，3次元の広領域でビン法を用いた数値モデルを実行させるのは非常に困難である．

　もう1つは水物質を雲水，雲氷，雨，雪，あられの5つのカテゴリーに分類し，それぞれについての混合比と数濃度を予想する方法であり，バルク（Bulk）法と呼ばれる（たとえば，Lin *et al.*, 1983; Murakami, 1990）．バルク法の中には5つのカテゴリーに加えて雹も予想するもの（Ferrier, 1994）や，数濃度については診断的に求めるものもある．それぞれのカテゴリーにおける粒子サイズの分布は数濃度を用いて，逆指数分布をしているなどと仮定する．ビン法とバルク法の詳細な解説は，それぞれ川野（1999）と村上（1999）にあるので参照してほしい．

　気象庁非静力学モデルには雲物理過程として，Lin *et al.* (1983) と Murakami (1990) を基本としたバルク法が導入されている．ここで，図A-4.1に示した気象庁非静力学モデルで用いられている雲物理の諸過程を，簡単に説明する．雲物

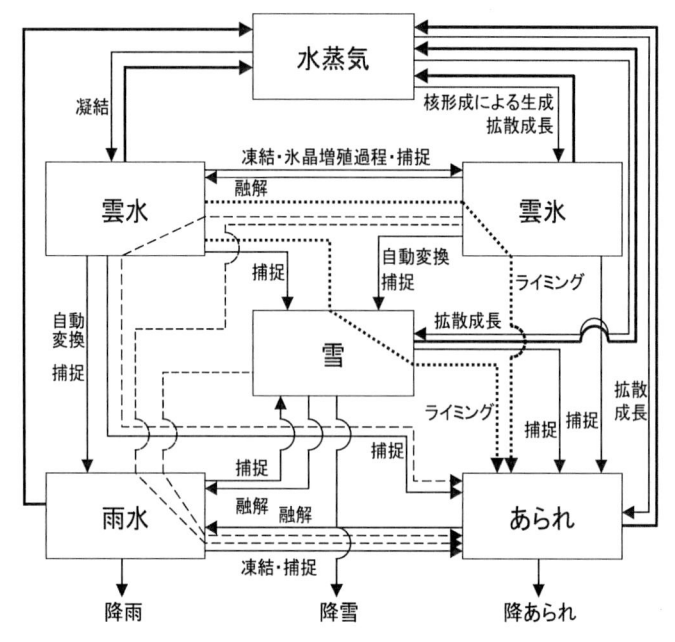

図 A-4.1 気象庁非静力学モデルに用いられている雲物理の素過程．太線は蒸発・昇華蒸発，太点線はライミング，破線は異相間（たとえば，雨水と雪）の衝突・捕捉によるあられへの変換を示す．

理過程は水蒸気が凝結して雲水が生成されるか，氷晶核形成によって雲氷が生成されることにより始まる．その後，図 A-4.1 の自動変換と呼ばれる過程によって雨水や雪が生成される．すなわち，雲水・雲氷の混合比がある閾値を超えた場合，超過分が雨水や雪に変換される．複数の種類の水物質が多様なサイズで存在するようになると，それぞれの粒子でその落下速度が異なるために粒子間で衝突が起こり，大きな粒子は小さい粒子を併合・捕捉し，さらに大きく成長する（4.2 節参照）．雨水については大きくなると分裂する（直径 8 mm 以上には成長しない）．あられは主にライミングと呼ばれる雪や雲氷に雲水が付着することで生成する（図 A-4.1 の太点線の過程）．また，液相と氷相とが混在する場合，互いの衝突や捕捉によってあられが生成されることもある（図 A-4.1 の破線の過程）．上昇・下降といった鉛直方向の移動により，雲水と雲氷の間と雨と雪，あられの間で凍結，融解が起こる．また，水物質は蒸発・昇華蒸発して水蒸気に戻ることもある（図 A-4.1 の太線の過程）．最終的には雨水，雪，あられが地上に落下することにより降雨・降雪（あられの地上への落下は通常，降雪に含まれるが，図 A-4.1 では区別する

ために降あられと表記している）となる．上記以外の雲物理過程として，氷相の水物質に水蒸気が付着する拡散成長や，雪やあられが雲水を捕捉するときに雲氷を生成する氷晶増殖過程がある．

　雲物理過程での気相，液相，氷相間の相変化によって，水物質から大気に開放される潜熱エネルギーが非断熱加熱として，大気から水物質に吸収される潜熱エネルギーが非断熱冷却として式 (A-4.6) の Q に与えられる．本書で述べてきたように，非断熱加熱によって積乱雲が発生・発達し，降水がもたらされる．その一方，対流活動にとって，雲物理の諸過程の中で水物質の蒸発・昇華蒸発（非断熱冷却）が重要となることも多い（ただし，梅雨期の豪雨については第 6 章で述べたように必ずしもあてはまらない）．なぜなら，蒸発・昇華蒸発により潜熱エネルギーに対応する熱が大気中から吸収されて冷気塊がつくり出されるためである．冷気塊は前線強化や強い下降流の形成をもたらすだけでなく，5.2 節で述べているように新たな積乱雲の形成にも重要な役割を果たす．

　豪雨を引き起こす積乱雲内では大量の雪やあられがつくられていて，それらは落下中に融解して大量の雨水に変わる．また，層状性の降水は落下速度の遅い雪によってもたらされることが多い．このように，豪雨における対流活動の諸過程を解析する場合でも，雲物理過程の中で氷相も取り扱う必要がある．

A-5
見かけの熱源と見かけの水蒸気減少

ある領域（たとえば，図 9.2 の領域 1）で平均した熱収支を計算する場合を考えてみる．式 (2.19) で定義した乾燥静的エネルギー s は，乾燥大気では保存するが，湿潤大気では非断熱加熱・冷却（たとえば，水蒸気の凝結）によって時間変化する．このことから，領域平均した s の時間変化は，近似的に

$$\frac{\partial \overline{s}}{\partial t} + \frac{\partial \overline{us}}{\partial x} + \frac{\partial \overline{vs}}{\partial y} + \frac{\partial \overline{\omega s}}{\partial p} \approx Q_R + L_v(c-e) \tag{A-5.1}$$

と表される．ここで，¯ がついたものは領域平均量であり，u, v は風の水平成分，p は気圧，$\omega\ (= dp/dt)$ は鉛直 p 速度，Q_R は大気放射による冷却量，L_v は水蒸気が水に移るときの凝結熱，c は水蒸気の凝結量，e は水蒸気への蒸発量である．なお，非断熱加熱・冷却としては，水（液相）と水蒸気（気相）間のみを考える（氷（固相）と水・水蒸気間の非断熱量は水と水蒸気間に比べて非常に小さいと仮定する）．また，領域平均した水蒸気の混合比 q_v の時間変化は，近似的に

$$\frac{\partial \overline{q_v}}{\partial t} + \frac{\partial \overline{uq_v}}{\partial x} + \frac{\partial \overline{vq_v}}{\partial y} + \frac{\partial \overline{\omega q_v}}{\partial p} \approx c-e \tag{A-5.2}$$

で表される．

式 (A-5.1), (A-5.2) は領域平均からの偏差量（$'$ で表現する）を用いて，

$$Q_1 \equiv \frac{\partial \overline{s}}{\partial t} + \frac{\partial \overline{u}\,\overline{s}}{\partial x} + \frac{\partial \overline{v}\,\overline{s}}{\partial y} + \frac{\partial \overline{\omega}\,\overline{s}}{\partial p} \approx Q_R + L_v(c-e) - \frac{\partial \overline{\omega' s'}}{\partial p} \tag{A-5.3}$$

$$Q_2 \equiv -L_v\left(\frac{\partial \overline{q_v}}{\partial t} + \frac{\partial \overline{u}\,\overline{q_v}}{\partial x} + \frac{\partial \overline{v}\,\overline{q_v}}{\partial y} + \frac{\partial \overline{\omega}\,\overline{q_v}}{\partial p}\right) \approx L_v(c-e) + L_v\frac{\partial \overline{\omega' q_v'}}{\partial p} \tag{A-5.4}$$

A-5. 見かけの熱源と見かけの水蒸気減少

と書き直せる．ここで定義される Q_1 は見かけの熱源（apparent heating）と呼ばれ，Q_2 は水蒸気が減る（凝結する）ときに正値となるように定義することから，見かけの水蒸気減少（apparent moisture sink）と呼ばれる．なお，式 (A-5.3), (A-5.4) の導出では，s' と q_v' の u' と v' に対する関係は無視できる（たとえば，$\overline{u's'} = 0$）と仮定している．

さらに，式 (A-5.2), (A-5.3) を鉛直積分すると，式 (9.1), (9.2) が得られる．式の詳しい導出に関しては，たとえば，Yanai *et al.* (1973) を参照してほしい．

文　献

Akiyama, T., 1973: The large-scale aspects of the characteristic features of the Baiu front. *Pap. Met. Geophys.*, **24**, 157–188.

Akiyama, T., 1981a: Time and spatial variations of heavy snowfalls in the Japan Sea coastal region. Part I. Principal time and space variations of precipitation described by EOF. *J. Meteor. Soc. Japan*, **59**, 578–590.

Akiyama, T., 1981b: Time and spatial variations of heavy snowfalls in the Japan Sea coastal region. Part II. Large-scale situations for typical spatial distributions of heavy snowfalls classified by EOF. *J. Meteor. Soc. Japan*, **59**, 591–601.

Asai, T., 1970: Stability of plane parallel flow with variable vertical shear and unstable stratification. *J. Meteor. Soc. Japan*, **48**, 129–139.

Bluestein, H. B. and M. H. Jain, 1985: Formation of mesoscale lines of precipitation: Severe squall lines in Oklahoma during the spring. *J. Atmos. Sci.*, **42**, 1711–1732.

Bolton, D., 1980: The computation of equivalent potential temperature. *Mon. Wea. Rev.*, **108**, 1046–1053.

Browning, K. A. and G. A. Monk, 1982: A simple model for the synoptic analysis of cold fronts. *Q. J. R. Met. Soc.*, **108**, 435–452.

Cotton, W. R., R. A. Pielke Sr., R. L. Walko, G. E. Liston, C. J. Tremback, H. Jiang, R. L. McAnelly, J. Y. Harrington, M. E. Nicholls, G. G. Carrio and J. P. McFadden, 2003: RAMS 2001: Current status and future directions. *Meteorol. Atmos. Phys.*, **82**, 5–29.

Dudhia, J., 1993: A nonhydrostatic version of the Penn State-NCAR mesoscale model: Validation tests and simulation of an Atlantic cyclone and cold front. *Mon. Wea. Rev.*, **121**, 1493–1513.

Eito, H., T. Kato, M. Yoshizaki and A. Adachi, 2005: Numerical simulation of the quasi-stationary snowband observed over the southern coastal area of the Sea of Japan on 16 January 2001. *J. Meteor. Soc. Japan*, **83**, 551–576.

Farhadieh, R. and R. S. Tankin, 1974: Interferometric study of two-dimensional Benard convection cells. *J. Fluid Mech.*, **66**, 739–752.

Ferrier, B. S., 1994: A double-moment multiple-phase four-class bulk ice scheme. Part I: Description. *J. Atmos. Sci.*, **51**, 249–280.

Fovell, R. G. and Y. Ogura, 1988: Numerical simulation of midlatitude squall line in two-dimensions. *J. Atoms. Sci.*, **65**, 215–248.

Harimaya, T. and N. Kanemura, 1995: Comparison of the riming growth of snow particles between coastal and inland area. *J. Meteor. Soc. Japan*, **73**, 25–36.

Harimaya, T. and M. Sato, 1992: The riming proportion in snow particles falling on coastal areas. *J. Meteor. Soc. Japan*, **70**, 57–65.

Hirose, M. and K. Nakamura, 2005: Spatial and diurnal variation of precipitation systems over Asia observed by the TRMM Precipitation Radar. *J. Geophys. Res.*, **110**, D05106, doi:10.1029/2004JD004815.

Hoskins, B.J., M.E. McIntyre and A.W. Robertson, 1985: On the use and significance of isentropic potential vorticity maps. *Q. J. R. Met.Soc.*, **111**, 877–946.

Houze, R., 1993: *Cloud Dynamics*, Academic Press, 538pp.

Ikawa, M. and K. Saito, 1991: Description of a nonhydrostatic model developed at the Forecast Department of the MRI. *Technical Reports of the MRI*, **28**, 238pp.

Inoue, J., M. Kawashima, Y. Fujiyoshi and M. Yoshizaki, 2005: Aircraft observations of air-mass modification upstream of the Sea of Japan during cold-air outbreaks. *J. Meteor. Soc. Japan*, **83**, 189–200.

Ishihara, M., H. Sakakibara and Z. Yanagisawa, 1989: Doppler radar analysis of the structure of mesoscale snowbands developed between the winter monsoon and the land breeze. *J. Meteor. Soc. Japan*, **67**, 503–520.

Kato, T., 1998: Numerical simulation of the band-shaped torrential rain observed over southern Kyushu, Japan on 1 August 1993. *J. Meteor. Soc. Japan*, **76**, 97–128.

Kato, T., K. Kurihara, H. Seko, K. Saito and H. Goda, 1998: Verification of the MRI-nonhydrostatic-model predicted rainfall during the 1996 Baiu season. *J. Meteor. Soc. Japan*, **76**, 719–735.

Kato, T., 1999: Numerical study of the formation and maintenance mechanisms of a rainband inducing a heavy rainfall. *The Geophysical Magazine, Series 2*, **3**, 1–77.

Kato, T. and H. Goda, 2001: Formation and maintenance processes of a stationary band-shaped heavy rainfall observed in Niigata on 4 August 1998. *J. Meteor. Soc. Japan*, **79**, 899–924.

Kato, T., M. Yoshizaki, K. Bessho, T. Inoue, Y. Sato and X-BAIU-01 observation group, 2003: Reason for the failure of the simulation of heavy rainfall during

X-BAIU-01. —Importance of a vertical profile of water vapor for numerical simulations—. *J. Meteor. Soc. Japan*, **81**, 993–1013.

Kato, T. and K. Aranami, 2005: Formation factors of 2004 Niigata-Fukushima and Fukui heavy rainfalls and problems in the predictions using a cloud-resolving model. *SOLA*, **1**, 1–4.

Kato, T., 2005: Statistical study of band-shaped rainfall systems, the Koshikijima and Nagasaki lines, observed around Kyushu Island, Japan. *J. Meteor. Soc. Japan*, **83**, 943–957.

Kato, T., 2006: Structure of the band-shaped precipitation system inducing the heavy rainfall observed over northern Kyushu, Japan on 29 June 1999. *J. Meteor. Soc. Japan*, **84**, 129–153.

Kato, T., M. Yoshizaki and S. Hayashi, 2007: Statistical study on cloud top heights of cumulonimbi thermodynamically estimated from objective analysis data during the Baiu season. *J. Meteor. Soc. Japan*, **85**, 529–557.

Kusunoki, K., K. Iwanami, M. Maki, S. G. Park, R. Misumi and WMO-01 Observation Group, 2002: A dual-Doppler analysis of the mesoscale snow bands under the winter monsoon. Part I: Band regeneration. *Proc. International conference on mesoscale convective systems and heavy rainfall/snowfall in East Asia*, 546–550.

Lin, Y.-L., R. D. Farley and H. D. Orville, 1983: Bulk parameterization of the snow fields in a cloud model. *J. Climate Appl. Meteor.*, **22**, 1065–1092.

Lin, Y.-L. and S. Li, 1988: Three-dimensional response of a shear flow to elevated heating. *J. Atmos. Sci.*, **45**, 2987–3002.

Maddox, R. A., 1980: Mesoscale convective complexes. *Bull. Amer. Meteor. Soc.*, **61**, 1374–1387.

Matsumoto, S. and K. Ninomiya, 1971: On the mesoscale and medium-scale structure of a cold front and the relevant vertical circulation. *J. Meteor. Soc. Japan*, **49**, 648–662.

Matsumoto, S., K. Ninomiya and S. Yoshizumi, 1971: Characteristic features of Baiu front associated with heavy rainfall. *J. Meteor. Soc. Japan*, **49**, 267–281.

Misumi, Y., 1999: Diurnal variations of precipitation grouped into cloud categories around the Japanese archipelago in the warm season. *J. Meteor. Soc. Japan*, **77**, 615–635.

Moteki, Q., H. Uyeda, T. Maesaka, T. Shinoda, M. Yoshizaki and T. Kato, 2004: Structure and development of two merged rain bands observed over the East China Sea during X-BAIU-99: Part II: Meso-α-scale structure and build-up processes of convergence in the Bain frontal region. *J. Meteor. Soc. Japan*,**82**, 45–65.

Murakami, M., 1990: Numerical modeling of dynamical and microphysical evolution of an isolated convective cloud. —the 19 July 1981 CCOPE cloud. *J. Meteor. Soc. Japan*, **68**, 107–128.

Nagata, M., M. Ikawa, S. Yoshizumi and T. Yoshida, 1986: On the formation of a convergent cloud band over the Japan Sea in winter: Numerical experiments. *J. Meteor. Soc. Japan*, **64**, 841–855.

Nagata, M., 1991: Further numerical study on the formation of the convergent cloud band over the Japan Sea in winter. *J. Meteor. Soc. Japan*, **69**, 419–428.

Nagata, M. and Y. Ogura, 1991: A modeling case study of interaction between heavy precipitation and a LLJ over Japan in the Baiu season. *Mon. Wea. Rev.*, **119**, 1309–1336.

Nakajima, K. and T. Matsuno, 1988: Numerical experiments concerning the origin of cloud clusters in the tropical atmosphere. *J. Meteor. Soc. Japan*, **66**, 309–329.

Nakamura, K. and T. Asai, 1985: A numerical experiment of airmass transformation processes over warmer sea. Part 2: Interaction between small-scale convections and large-scale flow. *J. Meteor. Soc. Japan*, **63**, 805–827.

Ninomiya, K. and T. Akiyama, 1971: Band structure of mesoscale echo clusters associated with low-level jet stream. *J. Meteor. Soc. Japan*, **52**, 300–313.

Ninomiya, K., H. Koga, Y. Yamagishi and Y. Tatsumi, 1984: Prediction experiment of extremely intense rainstorm by a very-fine mesh primitive equation model. *J. Meteor. Soc. Japan*, **62**, 273–295.

Nitta, T. and S. Sekine, 1994: Diurnal variation of convective activity over the tropical western Pacific. *J. Metor. Soc. Japan*, **62**, 627–641.

Ogura, Y., T. Asai and K. Doi, 1985: A case study of a heavy precipitation event along the Baiu front in northern Kyushu, 23 July 1982: Nagasaki heavy rainfall. *J. Meteor. Soc. Japan*, **63**, 883–900.

Ohigashi, T. and K. Tsuboki, 2005: Structure and maintenance process of stationary double snowbands along the coastal region. *J. Meteor. Soc. Japan*, **83**, 331–349.

Orlanski, I., 1975: A rational subdivision of scales for atmospheric processes. *Bull. Amer. Meteor. Soc.*, **56**, 527–530.

Saito, K., T. Kato, H. Eito and C. Muroi, 2001: Documentation of the Meteorological Research Institute/Numerical Prediction Division Unified Nonhydrostatic Model. *Tech. Rep. of MRI*, **42**, 133pp.

Seliga, T. A. and V. N. Bringi, 1976: Potential use of radar differential reflectivity measurements at orthogonal polarizations for measuring precipitation. *J. Appl. Meteor.*, **15**, 69–76.

Skamarock, W. C., J. B. Klemp, J. Dudhia, D. O. Gill, D. M. Barker, W. Wang and J. G. Powers, 2005: A description of the advanced research WRF Version 2, 100pp.

Straka, J. M., D. S. Zrnic and A. V. Ryzhkov, 2000: Bulk hydrometeor classification and quantification using polarimetric radar data: Synthesis of relations. *J. Appl. Meteor.*, **39**, 1341–1372.

Takahashi, T., 1984: Thunderstorm electrification —A numerical study. *J. Atmos. Sci.*, **41**, 2541–2559.

Takahashi, T. and T, Kawano 1998: Numerical sensitivity study of rainband precipitation and evolution. *J. Atmos. Sci.*, **55**, 57–87.

Takeda, T., K. Isono, M. Wada, Y. Ishizaka, K. Okada, Y. Fujiyoshi, M. Maruyama, Y. Izawa and K. Nagaya, 1982: Modification of convective snow-clouds in landing the Japan Sea coastal region. *J. Meteor. Soc. Japan*, **60**, 967–977.

Tomita, H., M. Satoh and K. Goto, 2004: A new dynamical framework of non-hydrostatic global model using the icosahedral grid. *Fluid Dyn.Res.*, **34**, 357–400.

Tsuboki, K., Y. Fujiyoshi and G. Wakahama, 1989a: Doppler radar observation of convergence band cloud formed on the west coast of Hokkaido Island. II: Cold frontal type. *J. Meteor. Soc. Japan*, **67**, 985–999.

Tsuboki, K., Y. Fujiyoshi and G. Wakahama, 1989b: Structure of a land breeze and snowfall enhancement at the leading edge. *J. Meteor. Soc. Japan*, **67**, 757–770.

Watanabe, H. and Y. Ogura, 1987: Effects of orographically forced upstream lifting on mesoscale heavy precipitation: A case study. *J. Atmos. Sci.*, **44**, 661–675.

Xue, M., D. Wang, J. Gao, K. Brewster and K. K. Droegemeier, 2003: The Advanced Regional Prediction System (ARPS), storm-scale numerical weather prediction and data assimilation. *Meteorol. Atmos. Phys.*, **82**, 139–170.

Yanai, M., S. Esbensen and J. Chu, 1973: Determination of bulk properties of tropical cloud clasters from Large-scale heat and moisture budgets. *J. Atmos. Sci.*, **30**, 611–627.

Yoshizaki, M. and H. Seko, 1994: A retrieval of thermodynamic and microphysical variables by using wind data in simulated multi-cellular convective storms. *J. Meteor. Soc. Japan*, **72**, 31–42.

Yoshizaki, M., T. Kato, Y. Tanaka, H. Takayama, Y. Shoji, H. Seko, K. Arao, K. Manabe and X-BAIU-98 Observation Group, 2000: Analytical and numerical study of the 26 June 1998 orographic rainband observed in western Kyushu, Japan. *J. Meteor. Soc. Japan*, **78**, 835–856.

Yoshizaki, M., T. Kato, H. Eito, S. Hayashi and W.-K. Tao, 2004: An overview of the field experiment "Winter Mesoscale Convective System (MCSs) over the Japan Sea in 2001", and comparisons of the cold-air outbreak case (14 January) between analysis and a non-hydrostatic cloud-resolving model. *J. Meteor. Soc. Japan*, **82**, 1365–1387.

Yoshihara, H., Kawashima, K. Arai, J. Inoue and Y. Fujiyoshi, 2004: Doppler radar study on the successive development of snowbands at a convergence line near the coastal region of Hokuriku district. *J. Meteor. Soc. Japan*, **82**, 1057–1079.

浅井冨雄, 1988: 日本海豪雪の中規模的様相. 天気, **35**, 156–161.

浅井冨雄, 武田喬男, 木村龍治, 1981: 雲や降水を伴う大気 (大気科学講座2), 東京大学出版会, 249pp.

荒生公雄, 1986: 長崎豪雨に基づく強雨の10分間雨量分布モデル. 天気, **33**, 271–273.

内田英治, 1979: V字型の雲パタンと日本海沿岸の大雪. 天気, **26**, 287–298.

永戸久喜, 2005: NHMによる日本海寒帯気団収束帯と帯状雲の高解像度数値実験. 気象研究ノート, **208**, 265–276.

岡林敏雄, 1972: 気象衛星から見た雪雲と降雪についての研究への利用. 気象研究ノート, **113**, 74–106.

沖縄気象台, 1990: 沖縄気象台異常気象報告, **17**, 51pp.

小倉義光, 1991: 1990年度日本気象学会秋季大会シンポジウム「集中豪雨」の報告 1. 集中豪雨の解析とメカニズム. 天気, **38**, 276–288.

小倉義光, 1997: メソ気象の基礎理論, 東京大学出版会, 215pp.

小倉義光, 1999: 一般気象学 (第2版), 東京大学出版会, 308pp.

小倉義光, 2000: 総観気象学入門, 東京大学出版会, 289pp.

加藤輝之, 1999: 湿潤対流による非静力学効果. 気象研究ノート, **196**, 153–169.

加藤輝之, 2002: 集中豪雨のモデルと予想―数値実験によるアプローチ―, 天気, **49**, 626–634.

加藤輝之, 熊谷幸治, 佐藤正樹, 富田浩文, 余 偉明, 本田有機, 安永数明, 2004: 第5回非静力学モデリング短期数値予報国際ワークショップ参加報告. 天気, **51**, 169–174.

加藤輝之, 2005: 甑島ラインに関わる豪雨 (1997年出水豪雨, 2003年熊本豪雨) の事例解析. 気象研究ノート, **208**, 109–118.

金井秀元, 2002: 集中豪雨をもたらす温帯低気圧とそのメソスケール構造に関する研究. 東京大学理学系研究科地球惑星科学専攻修士論文, 73pp.

金田幸恵, 坪木和久, 武田喬男, 2002: 東海豪雨のメカニズム—その雨をもたらしたもの—. 天気, **49**, 619–626.

川野哲也, 1999: BIN法雲物理とモデルへの導入. 気象研究ノート, **196**, 85–102.

菊地勝弘, 大畑哲夫, 東浦將夫, 1986: 降雪現象と積雪現象, 古今書院, 272pp.

気象庁, 1995: 平成5年(1993年)8月豪雨調査報告. 気象庁技術報告, **116**, 205pp.

気象庁, 2000: 平成10年 新潟, 栃木・福島, 高知の豪雨調査報告. 気象庁技術報告, **121**, 170pp.

気象庁予報部, 2003: 気象庁非静力学モデル. 数値予報課報告・別冊, **49**, 194pp.

栗原和夫, 加藤輝之, 1997: 九州の梅雨期における降雨の日変化の特徴. 天気, **44**, 631–636.

郷田治稔, 榊原茂記, 万納寺信崇, 1999: X-BAIU観測データの広島豪雨予報へのインパクト調査. 九州における梅雨特別観測に関するワークショップ, pp.31–33.

近藤純正, 1982: 大気境界層の科学—理解と応用—, 東京堂出版, 219pp.

斉藤和雄, 加藤輝之, 1996: 気象研究所非静水圧ネスティングモデルの改良について. 天気, **43**, 369–382.

斉藤和雄, 1999: 非静力学モデルの分類. 気象研究ノート, **196**, 19–35.

斉藤和雄, 加藤輝之, 1999: 気象研究所非静力学メソスケールモデル. 気象研究ノート, **196**, 169–195.

榊原 均, 石原正仁, 田畑 明, 赤枝健治, 岡本博文, 島津好男, 1990: 文部省科学研究費重点領域研究「自然災害の予測と防災力」研究成果(研究代表者 武田喬男), pp.258–269.

清水健作, 坪木和久, 2005: 2000年12月26日に北陸沖で観測されたトランスバースモード降雪バンドの形成過程. 気象研究ノート, **208**, 243–250.

瀬古 弘, 2005: 1996年7月7日に南九州で観測された降水系内の降水帯とその環境. 気象研究ノート, **208**, 187–200.

津口裕茂, 榊原 均, 2005: 2001年10月10日佐原・鹿嶋に豪雨をもたらしたレインバンドの構造と維持機構. 天気, **52**, 25–39.

坪木和久, 榊原篤志, 2001: CReSSユーザーズガイド第2版, 210pp.

坪木和久, 若濱五郎, 1988: 1台のドップラーレーダーを用いた風速場の測定法—最小二乗法を用いたVAD解析—. 低温科学 物理篇, **47**, 73–88.

中澤哲夫, 2005: THORPEX計画における台風の観測と予報. 天気, **52**, 202.

二階堂義信, 1986a: Q-map(等温位面上で解析された渦位分布図)—その1 Q-mapの原理. 天気, **33**, 289–299.

二階堂義信, 1986b: Q-map(等温位面上で解析された渦位分布図)—その2 Q-mapの原理. 天気, **33**, 300–331.

二宮洸三, 1991: メソスケール気象. 気象研究ノート, **172**, 251pp.

二宮洸三, 岩崎博之, 武田喬男, 1987: 文部省科学研究費, 自然災害特別研究成果 No. A-61-3 (研究代表者 浅井冨雄), pp.35–43.

長谷江里子, 新野　宏, 2005: 1999年梅雨期の大規模場の特徴. 気象研究ノート, **208**, 37-51.
長谷川隆司, 二宮洸三, 1984: 静止気象衛星データからみた長崎豪雨. 天気, **31**, 565-572.
浜田周平, 1990: 1988年7月15日の浜田市付近の集中豪雨の特性. 天気, **36**, 527-530.
早川誠而, 鈴木義則, 前田　宏, 元田雄四郎, 1989a: 1983年9月6日の福岡市における豪雨の特徴. 天気, **36**, 121-133.
早川誠而, 鈴木義則, 前田　宏, 元田雄四郎, 1989b: 1986年7月10日鹿児島市豪雨の特徴解析. 天気, **36**, 207-213.
福岡管区気象台, 1984: 昭和57年7月豪雨調査報告. 気象庁技術報告, **105**, 167pp.
藤吉康志, 坪木和久, 小西啓之, 若濱五郎, 1988: 北海道西岸帯状収束雲のドップラーレーダー観測（I）—温暖前線型—. 天気, **35**, 427-439.
松本　積, 2005: 2003年7月19日九州北部豪雨の降水システムについての考察. 天気, **52**, 204-205.
増田善信, 1981: 数値予報—その理論と実際—（気象学のプロムナード3）, 東京堂出版, 288pp.
村上正隆, 1999: 雲の微物理パラメタリゼーション. 気象研究ノート, **196**, 57-84.
村上正隆, 星本みずほ, 折笠成宏, 高山陽三, 黒岩博司, 堀江宏昭, 岡本　創, 亀井秋秀, 民田晴也, 2005: 航空機による日本海寒帯気団収束帯帯状降雪雲の内部構造観測. 気象研究ノート, **208**, 251-264.
メソ気象調査グループ, 1988: 冬季日本海における帯状雲のメソ構造－啓風丸の特別観測の解析. 天気, **35**, 237-248.
八木正允, 1985: 冬期の季節風の吹き出し方向に対して, おおよそ直交する方向にロール軸をもつ大規模な雪雲—対流雲の走向についての解析と理論的な検討—. 天気, **32**, 175-187.
吉住禎夫, 1979: 梅雨前線帯の下層ジェットとレインバンド. 気象研究ノート, **138**, 30-50.
吉野文雄, 1990: 直交二偏波レーダによる降水現象研究の動向. 天気, **37**, 145-159.
余田成男, 木本昌秀, 向川　均, 野村真佐子, 1992: カオスと数値予報—局所的リアプノフ安定性と予測可能性—. 天気, **39**, 593-604.
渡部浩章, 1984: 昭和58年7月豪雨の解析. 天気, **31**, 739-745.
渡部浩章, 栗原和夫, 1988: 島根県南西部の豪雨の解析—昭和60年7月6日—. 天気, **35**, 615-624.
渡部浩章, 平原隆寿, 1991: 島根県西部の豪雨の解析—昭和63年7月15日—. 天気, **37**, 433-440.
渡辺真二, 2002: 東海豪雨の観測と解析. 天気, **49**, 609-619.

索　引

A
Avogadro の法則　15

B
Bin 法　171
Bolton の式　36
Boyle–Charles の法則　15
Brunt–Vaisala 振動数　24
Bulk 法　171

C
convective available potential energy ($CAPE$)　38, 39
convective inhibition (CIN)　38
Clausius–Clapeyron の式　29
cloud resolving model　52
cold rain　51
convective instability　41

D
dry adiabat　25
dry lapse rate　19

E
emagram　37
enthalpy　20
equivalent potential temperature　34
Exner 関数　20

F
Froude 数　110

I
isentropic potential vorticity　135

K
Kirchhoff の式　29

L
lapse rate　25
latent heat　130
latent instability　38
level of free convection (LFC)　37, 42, 79
level of neutral buoyancy (LNB)　38, 42, 80
lifting condensation level (LCL)　34
longitudinal mode cloud (L モード雲)　142

M
meso high　105
meso low　105
mesoscale convective system (MCS)　56
mixing ratio　28
moist adiabat　32
moist lapse rate　31

N
nonhydrostatic model　53

P
potential temperature　20
pressure gradient force　18

Q
Q_1, Q_2　130, 175

R
Rayleigh 数　162

S
saturated equivalent potential temperature　32
sensible heat　130
Showalter's stability index (SSI)　39
specific humidity　29

T
Tetens の式　29
THORPEX 計画　158
transverse mode cloud (T モード雲)　142

W
warm rain　51
water loading　48

索　引

あ　行

暖かい雨　51
亜熱帯ジェット　78
アボガドロの法則　15
雨粒　47, 49
雨水　51, 171
あられ　48, 171

位置エネルギー　20, 36
一般気体定数　15
移流　52

運動方程式　52, 168

エクスナー関数　20
エマグラム　37, 39
エンタルピー　20
鉛直シア　49, 59

帯状雲　141
温位　20
温位エマグラム　42
温暖前線　9

か　行

階層構造　57, 64
カオス　156
下層ジェット　78
過飽和　30
雷　87
雷放電　88
仮温位　38, 170
仮温度　38
乾燥温位　34
乾燥静的エネルギー　20, 174
乾燥大気　116, 120
乾燥対流　14
乾燥断熱減率　19
乾燥断熱線　25
感度実験　53, 111, 149
寒冷渦　136
寒冷前線　9

気圧傾度力　18, 68, 105, 113
気温減率　25

気体の分子量　15
気団　73
偽断熱過程　32, 33
気団変質　127, 132
逆転層　26
凝結過程　50
凝結熱　123
凝固熱　101, 123
霧粒　47, 49
キルヒホッフの式　29

雲解像モデル　52
雲画像　116
雲氷　48, 171
雲粒　47, 49
雲物理過程　47, 49, 171
雲水　51, 171
クラウジウス–クラペイロンの式　29

圏界面　136
顕熱　130, 132

降雨の日変化　89
降雪バンド　141, 146
甑島ライン　112
コリオリ（地球の回転）の効果　68, 78
混合比　28

さ　行

里雪型豪雪　10, 137

湿潤対流　14
湿潤断熱減率　31
湿潤断熱線　32
湿舌　74, 79
自動変換　52, 172
自由対流高度　37, 42, 79
終端速度　49
集中豪雨　1, 85
重力流　98
昇華熱　30
条件付き不安定　38
状態方程式　169
　水蒸気の——　28

理想気体の——　15
衝突併合過程　50, 52
蒸発熱　29
ショワルターの安定指数　39

水蒸気
　——の状態方程式　28
　——の飽和混合比　30
水蒸気画像　119
水蒸気減少（見かけの）　175
水蒸気前線　76
スコールライン　107
筋状雲　45, 141
スーパーセル　39, 49

「西高東低」の冬型の気圧配置　127, 128
静水圧平衡の式　18
積雲対流のパラメタリゼーション　167
積乱雲　27, 42, 47, 56, 57, 61, 64, 67, 107, 153
　——の潜在的発達高度　42, 80, 137
積乱雲群　56
絶対安定　22, 25
絶対不安定　22, 25, 162
全球降水観測計画　158
潜在不安定　37, 38, 40, 102, 125, 132
線状降水帯　1, 56, 57, 94, 106, 116, 141, 153
前線　71
潜熱　130, 132
潜熱エネルギー　27, 36

層積雲　85
相当温位　34
相変化　27

た　行

大気境界層　42
大規模場の擾乱・大規模な擾乱　8, 57, 62
台風　12
対流圏　117

索　引

対流混合層　24, 130
対流不安定　41, 103, 126
対流有効位置エネルギー　38
対流抑制　38
種まき効果　112
ダルトンの法則　15
断熱過程　18
断熱昇温　78
短波放射　83

地形性豪雨　92, 110
地衡風平衡　128
中立　22, 25
長波放射　83

冷たい雨　51

定圧比熱　18
停滞前線　8
定容（定積）比熱　17
テテンの式　29

等温位面渦位　134

な 行

内部エネルギー　16, 20, 36
長崎ライン　111
日本海寒帯気団収束帯　141

熱源（見かけの）　175
熱帯降雨観測　88
熱伝導状態　163
熱雷　12, 137
熱力学第1法則　16
熱力学の式　52, 170

は 行

梅雨ジェット　79

梅雨前線　8, 57, 71, 80
梅雨前線帯　72, 78
バックアンドサイドビルディング　110
バックビルディング　106
バックビルディング型豪雨　92, 107
パラメタリゼーション（積雲対流の）　167
バルク法　171

比湿　29
非静水圧（非静力学）モデル　53
非静力学雲解像モデル　53, 167
ビン法　171

ブジネスク流体　68
ブラント–バイサラ振動数　24, 110
浮力　21
　──がなくなる高度　38, 42, 80
フルード数　110

偏西風波動　8

ボイル–シャルルの法則　15
飽和湿潤静的エネルギー　36
飽和水蒸気圧　29
飽和相当温位　33, 165
捕捉　52, 172
ボルトンの式　36

ま 行

マイクロスケール　58
マルチセルストーム　59

見かけの水蒸気減少　175
見かけの熱源　175

水物質（雨粒）の荷重　48, 54, 170

メソスケール　57
メソαスケール　57
メソβスケール　57, 112
メソγスケール　57
メソスケール擾乱　56, 57, 140
メソ対流系　56, 62, 64, 97, 148, 153
メソ対流複合体　58
メソハイ　105
メソロー　105, 114

持ち上げ凝結高度　34, 37, 164

や 行

山雪型豪雪　10, 137

雪　48, 171

ら 行

ライミング　172
乱流　163

陸風　147
理想気体の状態方程式　15
リモートセンシング　156

冷気外出流　55, 61, 97
レーリー数　162
連続（質量保存）の式　52, 170
ロール（状）対流　142, 163

わ 行

惑星/総観スケール　57

著者略歴

吉﨑 正憲（よしざき・まさのり）
1973 年　東京大学大学院理学系研究科地球物理学専攻
　　　　修士課程修了
現　在　立正大学地球環境科学部教授（理学博士）
専　門　大気力学，メソ気象学，熱帯気象

加藤 輝之（かとう・てるゆき）
1987 年　気象大学校卒業
現　在　気象庁数値予報課数値予報モデル開発推進官（博士（理学））
専　門　大気力学，メソ気象学，集中豪雨

応用気象学シリーズ 4
豪雨・豪雪の気象学　　　　　　定価はカバーに表示

2007 年 1 月 20 日　初版第 1 刷
2017 年 3 月 25 日　　第 8 刷

著　者　吉　﨑　正　憲
　　　　加　藤　輝　之
発行者　朝　倉　誠　造
発行所　株式会社　朝倉書店

東京都新宿区新小川町 6-29
郵便番号　　162-8707
電　話　03(3260)0141
Ｆ Ａ Ｘ　03(3260)0180
http://www.asakura.co.jp

〈検印省略〉

ⓒ 2007〈無断複写・転載を禁ず〉　　東京書籍印刷・渡辺製本

ISBN 978-4-254-16704-7　C 3344　　Printed in Japan

JCOPY 〈(社)出版者著作権管理機構 委託出版物〉

本書の無断複写は著作権法上での例外を除き禁じられています．複写される場合は，そのつど事前に，(社)出版者著作権管理機構（電話 03-3513-6969，FAX 03-3513-6979，e-mail: info@jcopy.or.jp）の許諾を得てください．

好評の事典・辞典・ハンドブック

火山の事典（第2版）	下鶴大輔ほか 編	B5判 592頁
津波の事典	首藤伸夫ほか 編	A5判 368頁
気象ハンドブック（第3版）	新田 尚ほか 編	B5判 1032頁
恐竜イラスト百科事典	小畠郁生 監訳	A4判 260頁
古生物学事典（第2版）	日本古生物学会 編	B5判 584頁
地理情報技術ハンドブック	高阪宏行 著	A5判 512頁
地理情報科学事典	地理情報システム学会 編	A5判 548頁
微生物の事典	渡邉 信ほか 編	B5判 752頁
植物の百科事典	石井龍一ほか 編	B5判 560頁
生物の事典	石原勝敏ほか 編	B5判 560頁
環境緑化の事典	日本緑化工学会 編	B5判 496頁
環境化学の事典	指宿堯嗣ほか 編	A5判 468頁
野生動物保護の事典	野生生物保護学会 編	B5判 792頁
昆虫学大事典	三橋 淳 編	B5判 1220頁
植物栄養・肥料の事典	植物栄養・肥料の事典編集委員会 編	A5判 720頁
農芸化学の事典	鈴木昭憲ほか 編	B5判 904頁
木の大百科［解説編］・［写真編］	平井信二 著	B5判 1208頁
果実の事典	杉浦 明ほか 編	A5判 636頁
きのこハンドブック	衣川堅二郎ほか 編	A5判 472頁
森林の百科	鈴木和夫ほか 編	A5判 756頁
水産大百科事典	水産総合研究センター 編	B5判 808頁

価格・概要等は小社ホームページをご覧ください．